뜨개 노트

나스 사나에 지음 · 제리 옮김

snow forest mitten

설원의
아란 스웨터
가까이에
있으면
좋겠습니다.

실 브리티시 파인 그레이×화이트

오롯한날

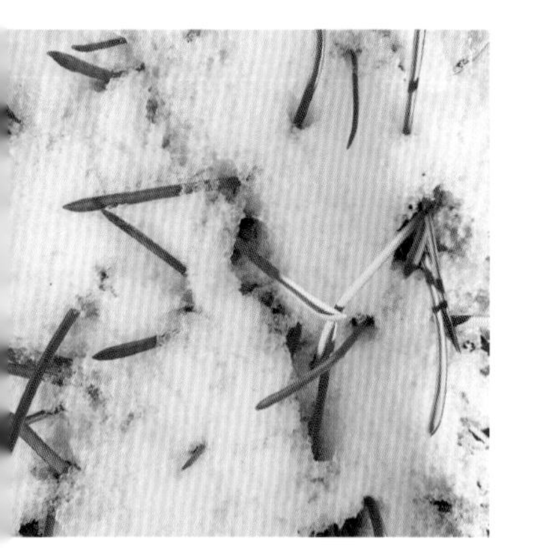

늘 보아 오던 어떤 것에 불현듯 마음이 움직이는 순간이 있습니다. 그럴 때에는 서둘러 카메라를 꺼내 셔터를 누릅니다. 때때로 무엇에 반응했던가를 되돌아보며 확인해봅니다. 공기, 색, 시간, 기분, 들리는 소리. 그 인상이 강하면 강할수록 그것을 뜨고 싶은 충동에 이끌립니다. 이런 실로 색으로 편물로 형태로 뜨고 싶다…… 마치 누군가의 말에 반응해 말을 풀어놓는 것처럼.

뜨개와의 인연이 쌓여 직업이 되었지만 작품은 변함 없이 저의 언어입니다. 다른 사람과 함께 일을 할 때는 우선 종이에 완성 이미지를 그리고 뜨개바탕과 실을 고르고 때로는 말을 곁들여 생각을 전달합니다.

그것을 읽고 상대도 말을 돌려줍니다. 마치 편지와 같이. 그리고 작품을 뜨기 시작합니다. 그러는 중에 이 주고받음을 기대해주는 이가 나타났습니다. 그 사람의 "이것을 더욱 많은 사람들이 봐주었으면"이라는 한마디로부터 이 책이 태어난 것이죠. 편지를 다발로 묶어 보니 마치 제작 과정을 기록한 노트와 같았습니다.

어떤 작품을 뜨고 싶어진다. 그리고, 뜬다. 내 안에서 터져나온 감동이 작품에, 책에, 책을 읽는 사람에게 물결처럼 퍼져 가도록. 하루하루 뜨는 동안, 뜬 것을 입을 때 몸 안으로 촉촉히 스며들며 반짝하고 마음을 밝히도록 이 《뜨개 노트》가 일조하면 좋겠습니다. 노트에 펼쳐지는 이미지가 여러분의 뜨개를 보다 애착이 있는 소중한 것으로 만들어 주기를 마음 깊이 바랍니다.

차례

어딘가의 먼 숲에 눈이 소복소복 내려 쌓이는 정경을 아란무늬에 더해 보았습니다. 비스듬히 들어가는 교차무늬는 매우 복잡해 보이지만 의외의 뜨는 법에 놀라실 겁니다. 무늬가 촘촘하여 전체 길이는 조금 짧은 듯이, 가뿐하게 마무리했습니다.

→p.43

설원의 아란 스웨터

설원의 손모아 장갑

모든 것을 휘덮은 눈과 추위는 나무들의 가지조차 하얗게 감싸버립니다. 이런 경치를 두 가지 실로 떠넣어 표현해보았습니다. 뜨개에는 하나의 이미지에서 몇 개의 작품이 태어나는 심오함이 있다고 생각합니다.

→p.53

설원의 아란 머플러

잿빛의 하늘을 올려다보니 눈이 춤추며 떨어지고 있었습니다. 그 모습을 교차무늬에 맡겨서 머플러를 떴습니다. 알파카가 섞인 실은 폭신하고 부드럽고 두 겹으로 만들어 따뜻합니다. 목둘레에 둘둘 말면 겨울의 추위로부터 확실히 지켜줍니다.

→p.48

트위드 무늬 베스트

다양한 색이 섞인 실로 성기게 짜인 트위드 원단. 어딘가 그리우면서도 새로운 트위드 원단의 분위기를 뜨개바탕에 비추어 보았습니다. 이 뜨개바탕은 가터뜨기를 하는 중에 몇 코씩 옮겨가며 걸러뜨기를 하는 것 뿐. 담담하게 반복하는 안온함을 꼭 체험해보세요.

→p.50

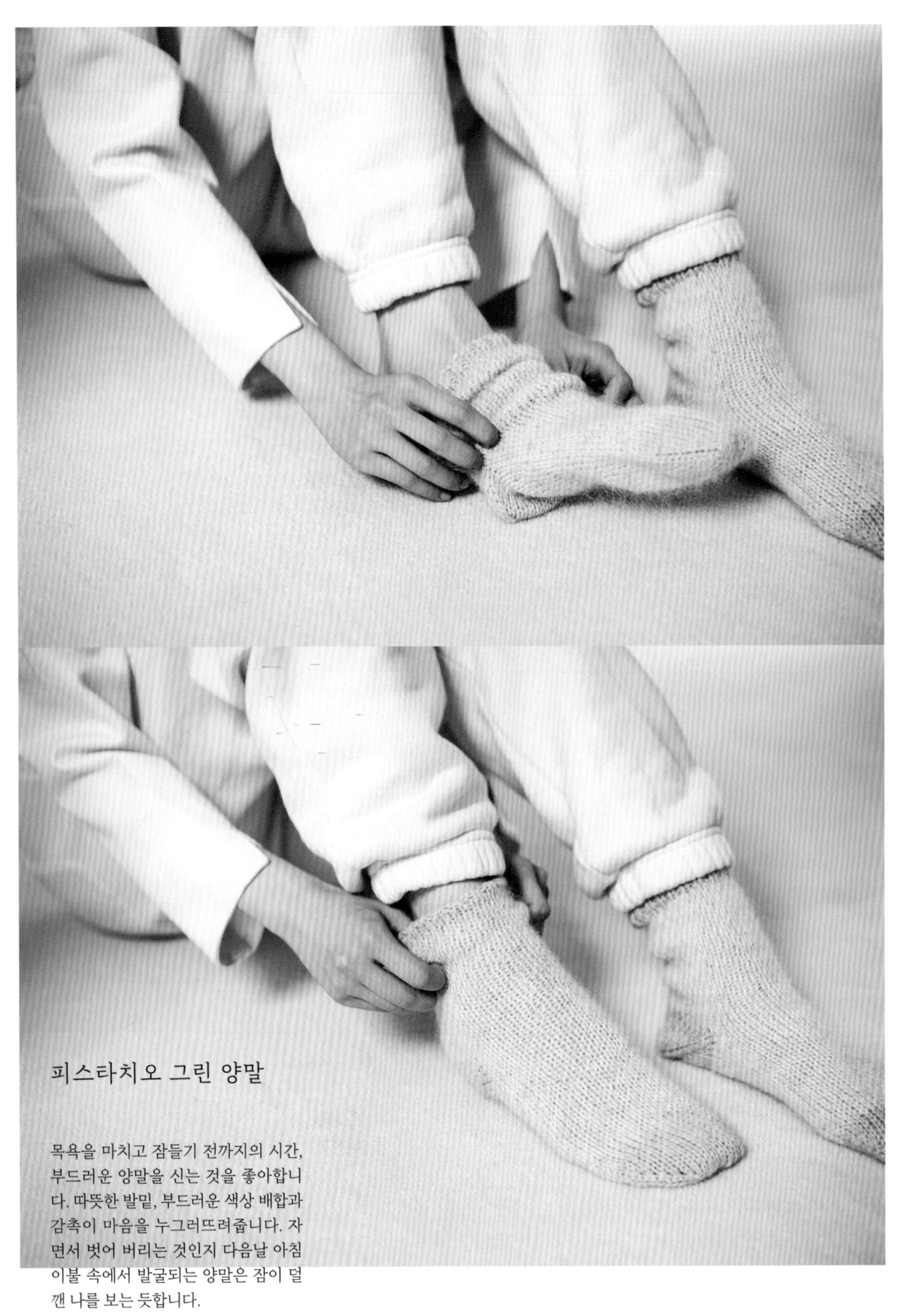

피스타치오 그린 양말

목욕을 마치고 잠들기 전까지의 시간, 부드러운 양말을 신는 것을 좋아합니다. 따뜻한 발밑, 부드러운 색상 배합과 감촉이 마음을 누그러뜨려줍니다. 자면서 벗어 버리는 것인지 다음날 아침 이불 속에서 발굴되는 양말은 잠이 덜 깬 나를 보는 듯합니다.

→p.52

가는 실 세 가닥. 연두색 모헤어, 녹색, 흰색 울을 함께 잡아서 심플한 스웨터를 떴습니다. 각 실마다 내키는 리듬으로 뜨개바탕에 나타내는 모습은 한없이 펼쳐지는 초원과도 같습니다. 풀과 함께 바람이 불 때의 상쾌함, 평온함에 안기고 싶은 날의 스웨터입니다.

→p.60

초원의 스웨터

LE CORBUSIER LE GRAND

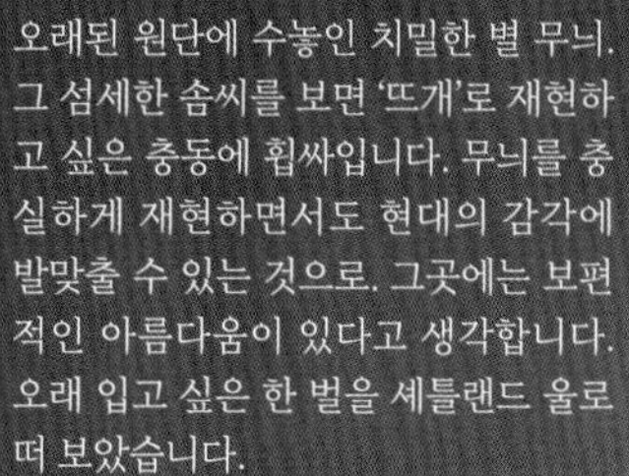

오래된 원단에 수놓인 치밀한 별 무늬. 그 섬세한 솜씨를 보면 '뜨개'로 재현하고 싶은 충동에 휩싸입니다. 무늬를 충실하게 재현하면서도 현대의 감각에 발맞출 수 있는 것으로. 그곳에는 보편적인 아름다움이 있다고 생각합니다. 오래 입고 싶은 한 벌을 셰틀랜드 울로 떠 보았습니다.

→p.55

별무늬 스웨터

오픈워크자수의 작은 도트가 아로새겨진 가벼운 면 레이스. 언제부턴가 마음에 있던 이 이미지를 비침무늬에 겹쳐 보았습니다. 무늬가 또렷이 보이도록 숄의 길이를 짧은 듯이 하였습니다. 울 코튼의 보슬보슬한 촉감이 피부에 기분 좋게 느껴지는 숄입니다.

→p.62

도트 레이스 숄

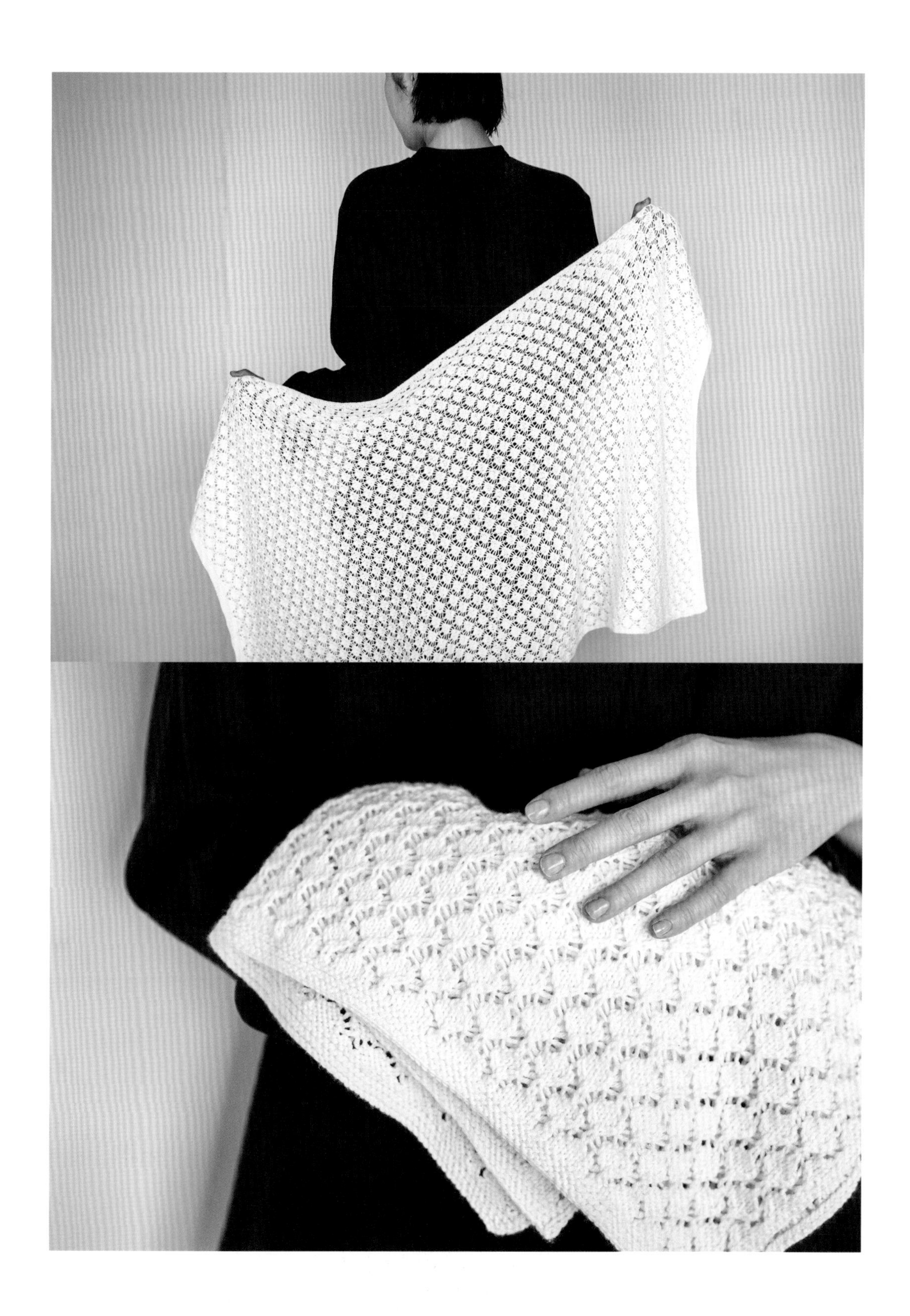

한여름을 넘긴 가을의 정원은 차례차례 깊이있는 색으로 변화해갑니다. 이 풍경을 트위드 실과 모헤어로 떠넣어 보았습니다. 트위드실에는 다양한 색상이 섞여 있고 모헤어는 발색과 명도가 뛰어납니다. 서로를 돋보이게 하면서 아름다운 색조합을 만들어줍니다.

→p.71

가을 정원 둥근 요크 스웨터

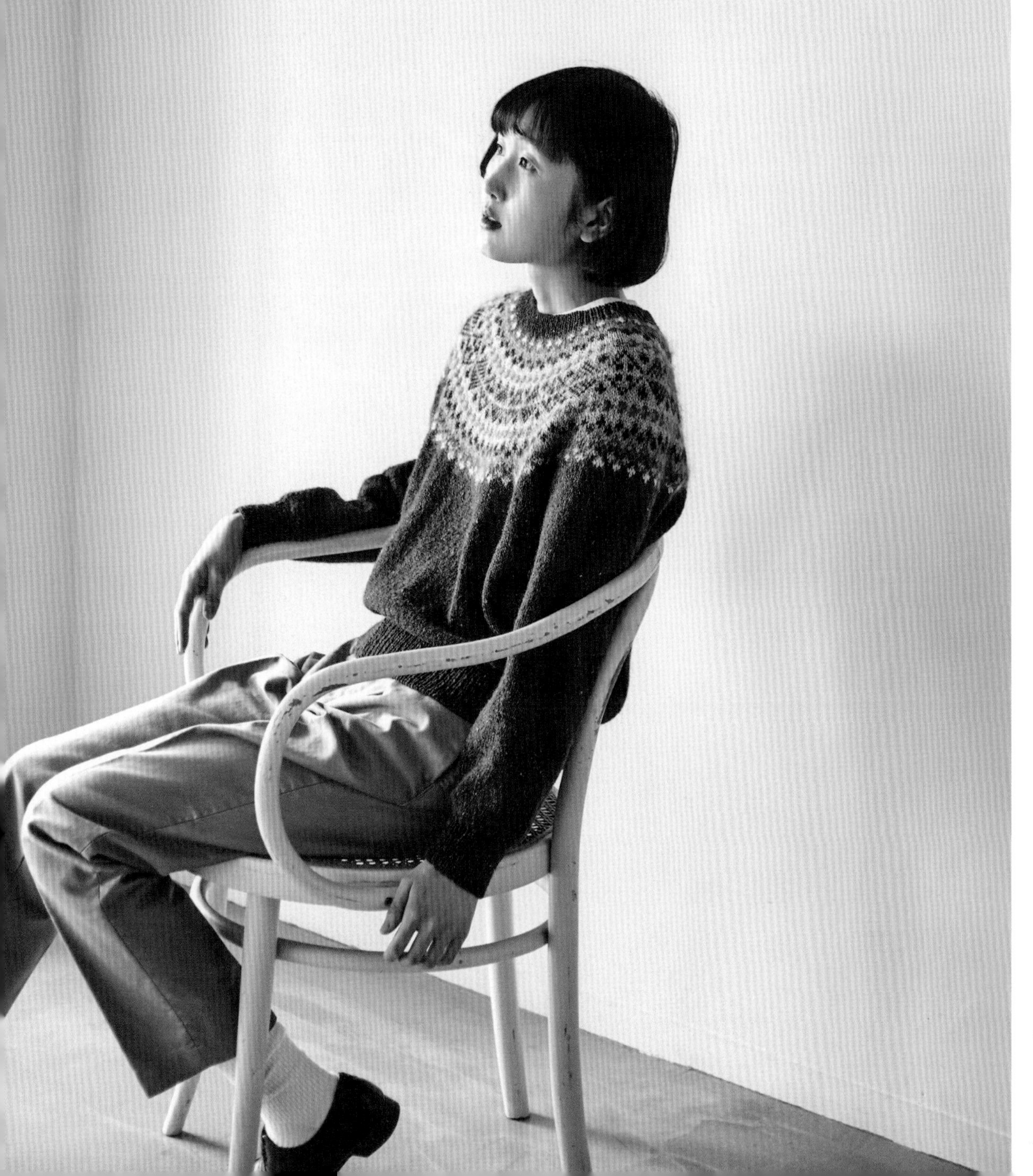

나기 카디건

오래된 뜨개책에서 이 무늬로 뜬 베이비카디건을 발견했습니다. 가터뜨기가 체크무늬처럼 들어가 심플하면서 깊이 있는 무늬지요. 떠나아가다 보면 조용한 먼 바다의 풍경도 쌓여갑니다. 뜨개하는 시간이 온화하고 잔잔한 한때가 되었으면 합니다.

→p.65

* 나기凪 : 바람이나 물결이 멎고 잔잔해짐

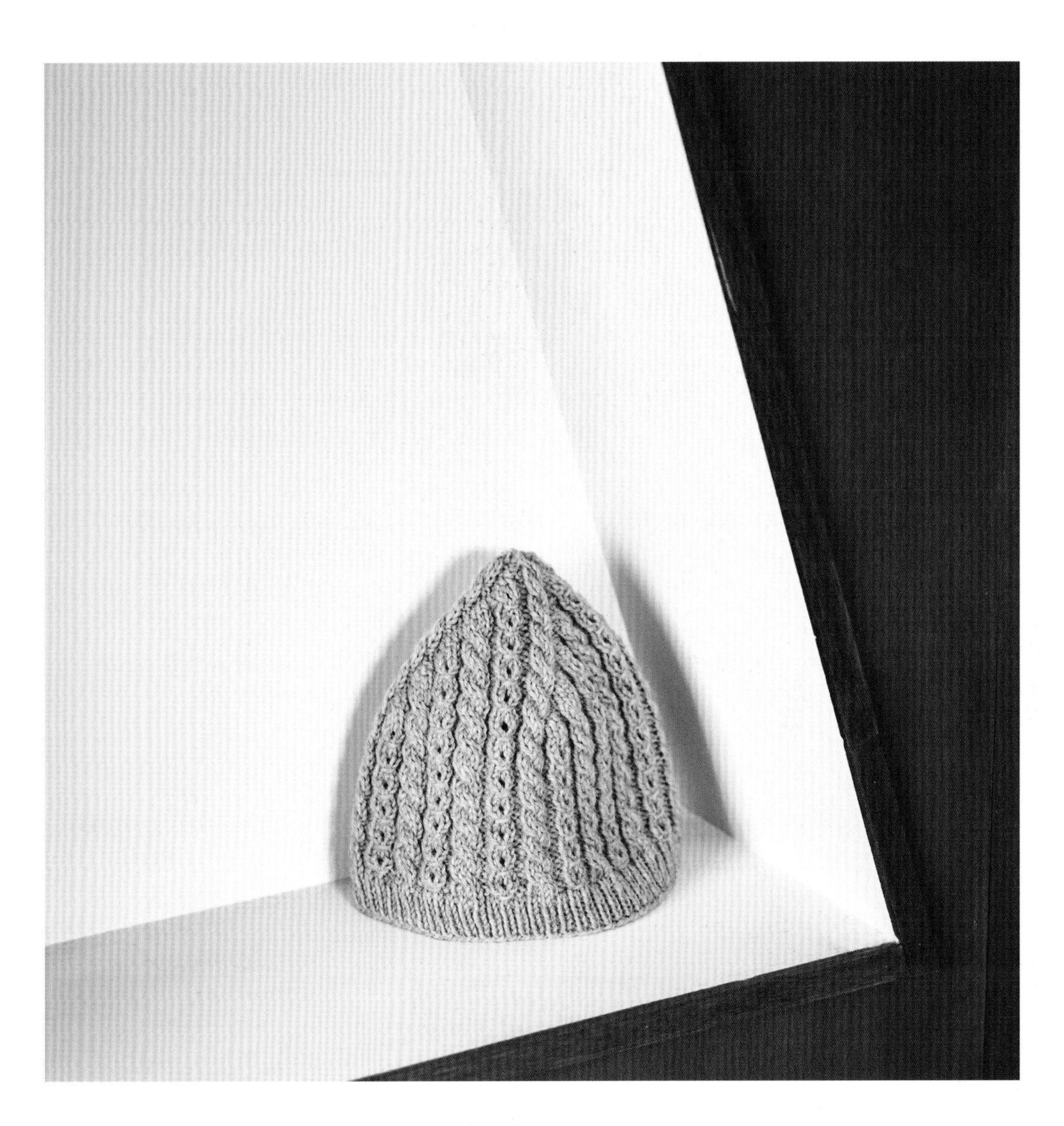

트윈 케이블 비니

자잘한 케이블 스티치로 어른스러운 모자를 만들고 싶었습니다. 꼭대기를 향해 무늬가 흐르는 것처럼 코를 줄여가면 말끔한 인상이 됩니다. 케이블뜨기와 매듭뜨기무늬의 중간에는 안뜨기가 있어서 고무뜨기처럼 맞음새도 좋습니다.

→p.42

프릴 카디건

잔 프릴을 빽빽이 꿰매어 단 블라우스를 '떠'보면 어떨까. 프릴처럼 보이게 만든 교차무늬는 데코레이션 크림 같아서 기뻐집니다. 슬쩍 걸쳐도 단추를 잠가도 멋지게 입어낼수 있는 옷입니다.

→p.76

도트 레이스 숄을 시착해보니 팔이 들어가는 구멍을 뚫어서 걸쳐보고 싶어져 소매가 있는 숄을 만들어 보았습니다. 울과 알파카로 된 부드러운 소재에 실크모헤어의 가뿐함과 광택이 더해져, 어른스러운 실루엣을 만들어내고 있습니다.

→p.84

숄 카디건

할머니 두 분이 박스를 한 손에 들고 쇼핑을 하고 있는 사진 한 장. 사이가 좋아서 쌍둥이같은 두 사람이 인상적이었습니다. 무늬뜨기도 사이좋게 조합해보고 싶어졌습니다. 단단히 꼰 케이블 무늬와 구멍이 있는 매듭뜨기는 그 할머니들처럼 콤비를 이루어, 바라보고 있으니 마음이 따뜻해졌습니다.

→p.79

트윈 케이블 스웨터

미술관에서 아름다운 것을 감상하는 지극히 행복한 한때. 색채로 구성한 추상화를 장갑 위에 펼쳐 보니 화려한 분위기가 확 태어났습니다. 이 장갑은 상하를 거꾸로 해서 껴도 좋습니다. 좋아하는 색을 조합해 자유로운 회화를 만들어내 보는 것도 즐거울 것입니다.

→p.65

Color composition
캐시미어 장갑

플러피 비니

눈이 멎고 밖을 내다 보니 온통 새하얀 세상에 눈이 둥글게 뭉쳐 쌓인 모양이 여기저기 보입니다. 매우 추운대도 그 아래는 따끈따끈하게 지켜지고 있는 것 같습니다. 루프 모양으로 자아낸 실로 뜬 모자는 폭신폭신한 와타보시* 같아서, 이걸 쓰면 나도 추위로부터 지켜지고 있는 듯한 기분이 듭니다.

→p.83

* 와타보시綿帽子: 안을 솜으로 누빈 둥글고 흰 큰 모자.

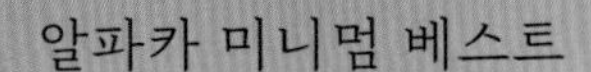

알파카 미니멈 베스트

염색하지 않은 베이비알파카를 사용한 실은 부드럽고 매끈하며 캐시미어 못지않게 따뜻합니다. 자연 그대로와 같은 소재의 훌륭함을 순수하게 느낄 수 있도록 단순한 형태로 만들었습니다. 소중하게 길게 입고 싶은 한 벌입니다.

→p.86

브리오슈 레그워머

발 언저리가 차가워지기 시작하면 갑자기 따뜻한 것이 그리워집니다. '냉기'는 몸에 좋지 않잖아요. 브리오슈 뜨기는 핏감도 좋고 자유자재로 늘어나는 신축성이 있습니다. 도톰한 뜨개바탕은 발밑을 따뜻하게 감싸줍니다. 발목을 중점적으로 데워도 좋고, 무릎 아래 전체를 감싸도 좋습니다. 취향에 맞는 길이로 떠 주세요.

→p.88

notebook

지그시 본다. 느낀다. 생각을 기록한다. 무엇인가를 깨닫는다.
이들이 작품의 씨앗이 된다.
작품이 태어나는 것은 싹트는 생명을 소중히 키우는 것과 닮았다.

Snow forest aran Sweater
설원의 아란 스웨터

무빙(霧氷) 가득한 숲에 눈이 내리기 시작하는 이미지로.

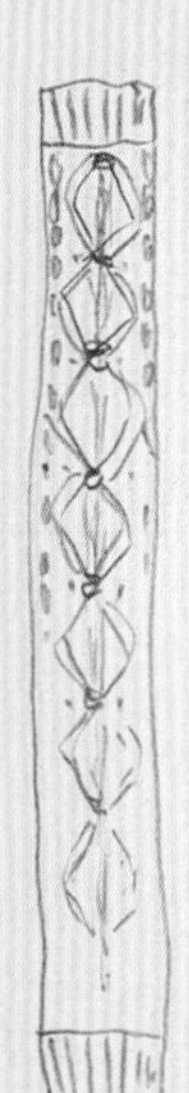

머플러가 있어도
좋겠다.

설원의
→p.4 아란스웨터
→p.7 아란 머플러

무빙霧氷을 떠올리게 한 한 장의 사진. 눈이 퍼붓는 숲의 시간을 상상해 본다. 눈이 춤추며 내리는 궤적, 하얀 나무마다의 가지, 하늘하늘 떨어지는 눈. 모든 소리를 흡수하는 하얀 세상을 지그시 바라본다.

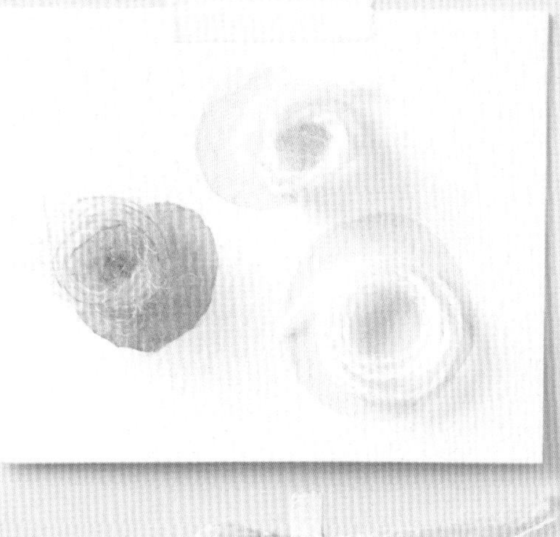

→p.10 피스타치오 그린 양말
→p.11 초원의 스웨터

자신의 기분에 귀를 기울이고 마음 내키는 대로 색을 만들어 보고싶다. 우리들은 더욱 자유롭게 '자신의 색'을 입는 것이 가능하니까. 가는 실을 몇 가닥 모아 뜨면, 새로운 색이 태어난다. 한 가닥의 색을 바꾸는 것만으로도 색의 인상이 아주 달라진다.

→p.14 도트 레이스 숄

비침무늬로 원을 그리는 것은 어렵다고 생각했다. 그렇지만 이 모양을 뜨면서 무늬를 만드는 힌트를 얻은 기분이 든다. 걸기코의 위치를 정하고 콧수가 일정해지도록 조정한다. 그런 경험이 제작을 조금씩 자유롭게 해주는 것처럼 생각된다.

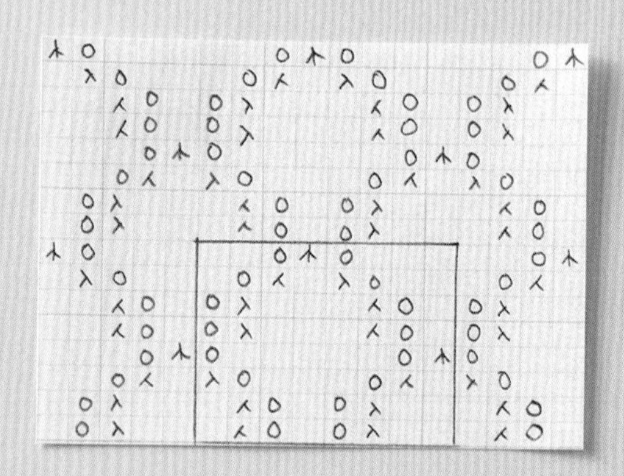

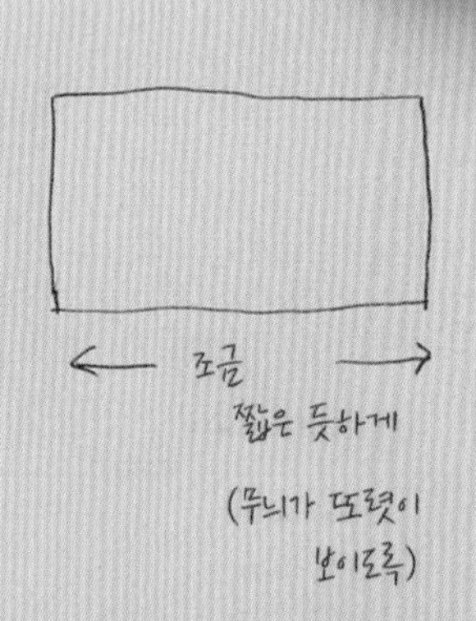

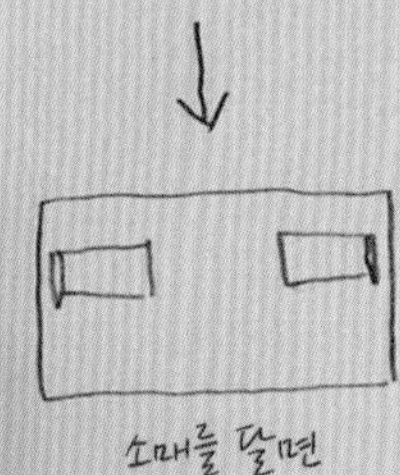

→p.16
가을정원 둥근 요크 스웨터

가을의 정원은 여름의 햇살이 응축된 것 같은 깊은 색을 띠고 있다. 이것을 하나하나 주워 모으면, 색과 색이 서로 울려퍼져 마치 아름다운 음색을 연주하고 있는 듯하다. 풍부한 선율은 정원이 잠에 빠져들 때까지 계속된다.

Autumn garden p16.

둥근 요크로

가을의 색깔을 주워 모은다

FELTED TWEED

col. 177 (clay)

190 (Stone)

196 (Barn Red)

KIDSILK HAZE

634 (Cream)

686 (Lustre)

731 (Bronze)

684 (Eve Green)

611 (Drab)

660 (Turkish Plum)

641 (Blackcurrant)

실에 대하여

이 책의 작품에 사용된 실을 소개합니다. 실 사진은 모두 실물 크기입니다.
작품의 게재 페이지／실 이름／메이커／소재／1볼의 무게／1볼의 길이(약) 순으로 표기했습니다.

※ 작품 만드는 법에 기재되어 있는 실의 분량은 게재 작품을 바탕으로 기재되어 있습니다. 실 소요량은 뜨는 사람에 따라 달라집니다. 또한 게이지를 뜨는 분량은 포함되어 있지 않으므로 어느정도 여유 있는 분량을 준비하는 것을 추천합니다.
※ 작품에 따라 실 색상이 달라지는 경우가 있습니다.

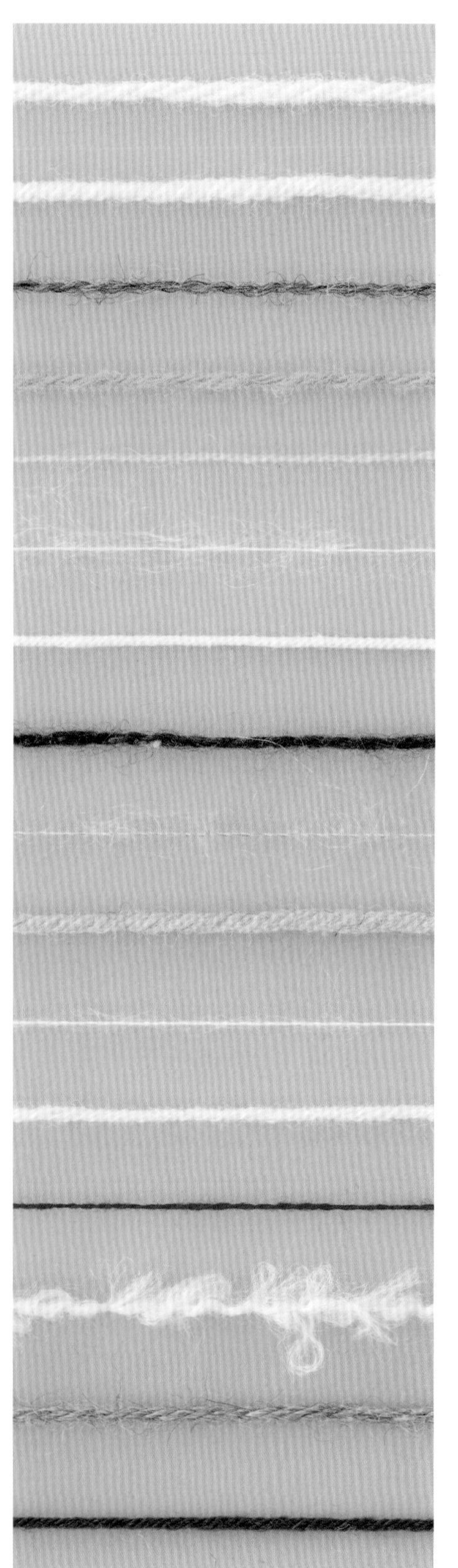

1 p.4, 18／체비엇 울／다루마(DARUMA)／울(체비엇 울)100%／50g／92m

2 p.7／포클랜드 울／다루마(DARUMA)／울(포클랜드 울) 80%, 알파카(베이비 알파카)20%／50g／85m

3 p.6, 10, 11／브리티시파인／퍼피／울100%／25g／116m

4 p.8, 12／셰틀랜드 울／다루마(DARUMA)／울(셰틀랜드 울) 100%／50g／136m

5 p.10, 11／퍼피 2PLY／퍼피／울100%(방축가공)／25g／215m

6 p.10, 11／키드모헤어파인／퍼피／모헤어(슈퍼키드모헤어)79%, 나일론 21%／25g／225m

7 p.14／랑부예울코튼／다루마(DARUMA)／울(랑부예 메리노울) 60%, 수피마 면 40%／50g／166m

8 p.16／펠티드 트위드／로완(ROWAN)／울 50% 알파카 25%, 비스코스 25%／50g／175m

9 p.16／키드실크헤이즈／로완(ROWAN)／모헤어 70%, 실크 30%／25g／210m

10 p.19, 20, 24／셰틀랜드／퍼피／울100%(영국산 양모 100% 사용)／40g／90m

11 p.22／실크모헤어／다루마(DARUMA)／모헤어(슈퍼키드모헤어) 60%, 실크 40%／25g／300m

12 p.22, 27／공기를 섞어 실로 만든 울알파카(에어리울알파카)／다루마(DARUMA)／울(메리노) 80%, 알파카(로얄베이비 알파카) 20%／30g／100m

13 p.26／캐시미어／아브리루(AVRIL)／캐시미어 100%／1g당 13m

14 p.27／LOOP／다루마(DARUMA)／울 83%, 알파카(베이비 알파카) 17%／30g／43m

15 p.28／차스카／퍼피／알파카 100%(베이비 알파카100% 사용)／50g／100m

16 p.29／랑부예메리노울／다루마(DARUMA)／울(랑부예메리노 울)100%／50g／145m

도구에 대하여

뜨개를 즐겁게 하려면 도구 선택은 매우 중요합니다.
갖춘 도구는 신경써서 정리정돈하고 때때로 손질하여 기분좋게 사용할 수 있도록 정리해둡시다.

※ 뜨개 바늘의 호수는 규격이 있지만 바늘 끝의 모양은 메이커에 따라 조금씩 다릅니다.
소재에 따라서도 뜨는 기분이 달라집니다.

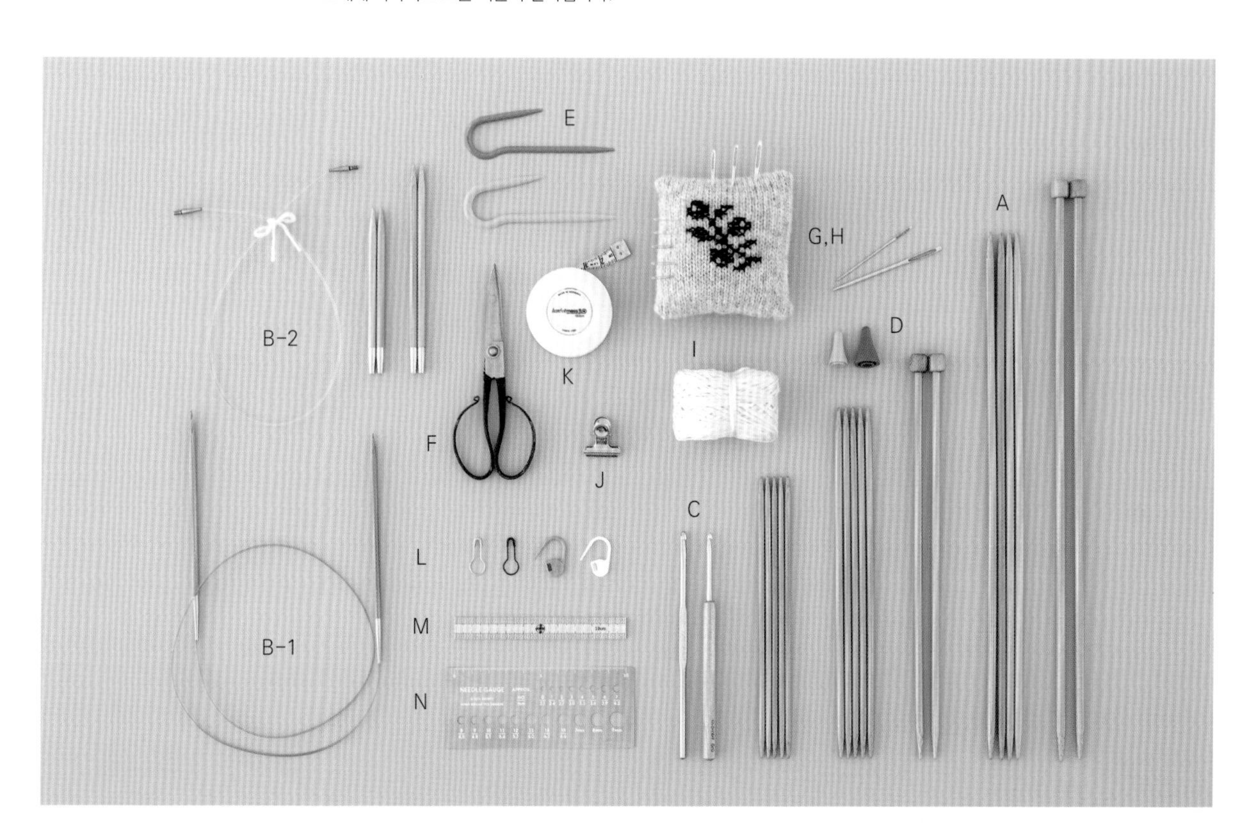

A 막대바늘

평면뜨기의 뜨개바탕은 2개의 막대바늘, 원통뜨기의 뜨개바탕은 4(5)개의 막대바늘을 사용한다. 뜨개바탕의 폭에 맞춰 막대바늘의 길이를 정한다.

B 줄바늘

원통뜨기 외에도 평면뜨기 뜨개바탕을 뜨는 등, 여러가지로 사용할 수 있으므로 편리하다. 유연한 소재의 코드는 여러가지 크기의 원통을 뜰 수 있는 것(매직루프 p.41참조)(B-1), 코드와 바늘이 분리가 되어 바꿔 끼울 수 있는 줄바늘(B-2) 등이 있다. 40㎝, 60㎝, 80㎝의 줄바늘을 중심으로 사이즈도 다양하다. 경제적으로는 '교체형 줄바늘'을 추천한다. 세 가지(40㎝, 60㎝, 80㎝) 길이의 코드를 갖춰두면 필요한 호수의 바늘을 체결하여 여러가지 사이즈의 줄바늘로 사용할 수 있다.

※ 줄바늘 사이즈 고르는 법: 뜨개바탕의 원둘레에 맞춰 고르는 것이 기본. 완성치수보다 조금 작은 것을 고릅니다. 매직루프는 80㎝의 줄바늘을 사용합니다.

C 코바늘

별 사슬에서 줍는 시작코, 빼뜨기 등에 사용. 실의 굵기에 맞춰 호수를 고른다.

D 대바늘마개

※ 사진은 크로바 제품

뜨개코가 빠지지 않도록 막대바늘의 끝에 끼워둔다.

E 꽈배기바늘

※ 사진은 크로바 제품(p.96)。

꽈배기무늬 등 교차무늬를 뜰 때에 이 바늘에 뜨개코를 옮겨둔다.

F 가위

자르는 맛이 좋고, 되도록이면 갈아서 쓸 수 있는 것으로 고른다.

G 돗바늘

잇기 꿰매기, 마무리를 하기 위한 끝이 뭉툭한 바늘. 실의 굵기에 맞춰 선택한다.

H 바늘꽂이

유분이 남아있는 원모를 안에 채워두면 바늘에 녹이 잘 슬지 않습니다.

I 보조실

'별 사슬에서 줍는 시작코'의 사슬코를 뜨기 위한 실. 보풀이 적은 면사를 사용하면 유연하여 뜨개바탕에 영향이 거의 없고, 섬유가 뜨개바탕에 남지 않는다.

J 클립

원통뜨기를 할 때에 뜨개바탕이 꼬이지 않았는지 확인하고 시작코의 맨 처음 코와 끝 코를 (꼬임방지를 위해) 고정한다.

K 줄자

때때로 뜨개바탕을 재고, 완성치수대로 떠지고 있는지 확인합니다.

L 단수마커

※ 오른쪽의 두 개는 크로바 제품

뜨개코에 표시를 하기 위한 마커. 콧수마커로도 사용한다. 가는 실에는 가는 마커를 사용하면 뜨개코에 영향을 주지 않는다.

M 자

게이지를 재기 위해 10~15㎝길이가 필요하다.

N 바늘게이지

각각의 바늘 호수와 같은 직경의 구멍이 뚫려 있다. 구멍에 막대바늘을 끼워보고 바늘의 호수를 알아보기 위해 사용한다.

뜨는 법 포인트

※ 사진에서는 알아보기 쉽도록 실의 색상을 일부 변경하여 해설하고 있습니다.

【 설원의 스웨터(p.4, 뜨는 법 p.43), 아란 머플러(p.7, 뜨는 법 p.48) 】

2코 둘레에 실을 감는 법

꽈배기바늘에 2코를 옮긴다.

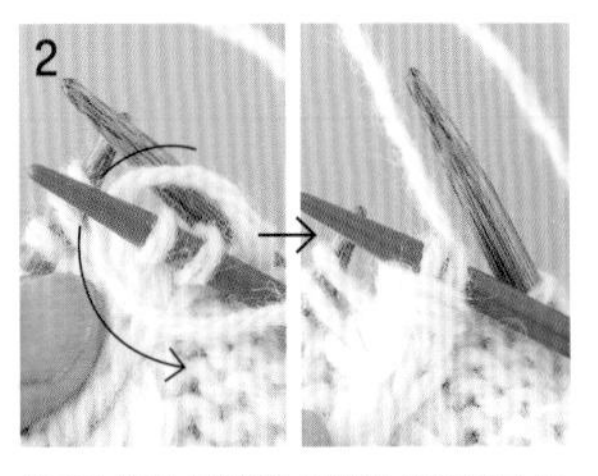

2코의 뿌리 부분에 화살표 방향으로 둘둘 4바퀴 감는다.

오른쪽 바늘로 2코를 옮긴다.

코의 뿌리에 실이 감긴 상태로 계속 뜬다.

4코 둘레에 실을 감는 법

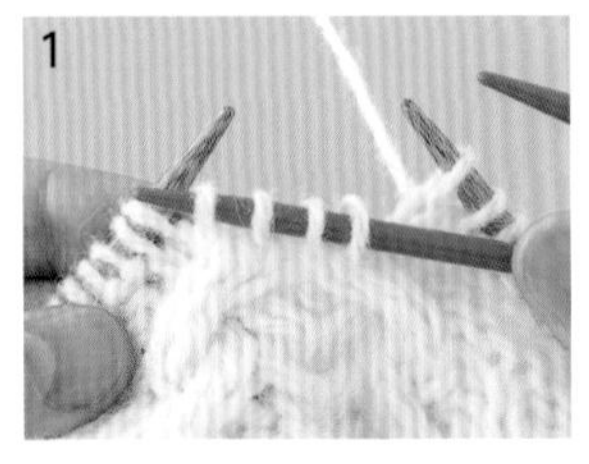

꽈배기바늘에 4코를 옮긴다.

4코의 뿌리부분에 화살표 방향으로 둘둘 4바퀴 감는다.

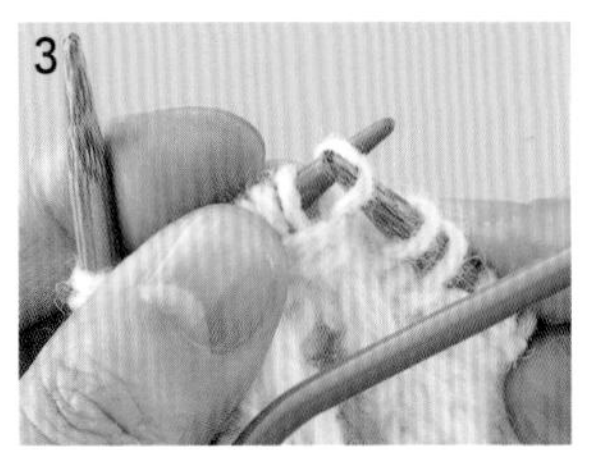

오른쪽 바늘로 4코를 옮긴다.

코의 뿌리에 실이 감긴 상태로 계속 뜬다.

【 설원의 손모아 장갑(p.6, 뜨는 법 p.53) 】

엄지구멍 만드는 법, 코 줍는 법

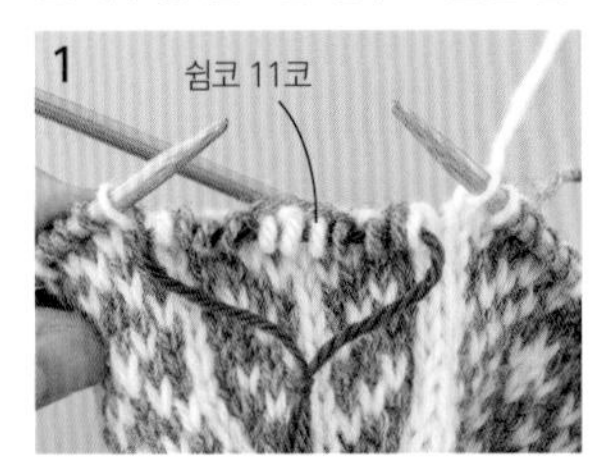

손가락 부분(11코)에 보조실을 꿰어서 쉼코로 둔다.

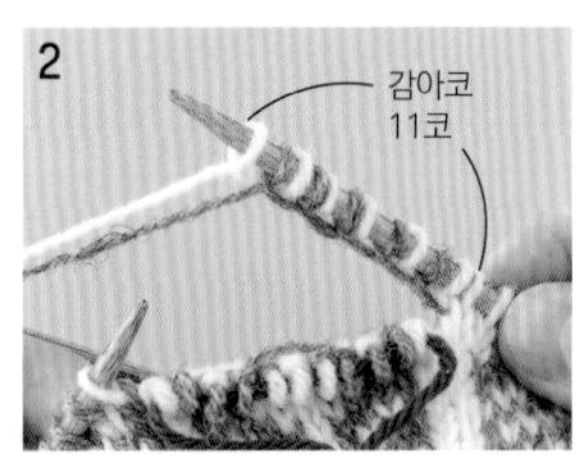

배색실(흰색), 바탕실(그레이)의 순으로 감아코를 11코 만든다.

감아코에서 계속하여 1코(그레이)를 뜬 모습.

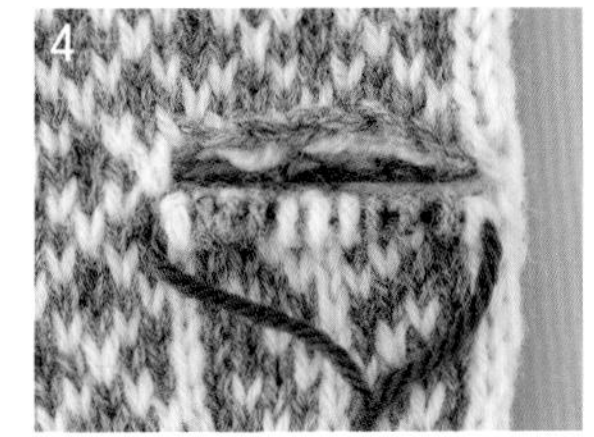

계속해서 장갑의 끝까지 원통뜨기 한다.

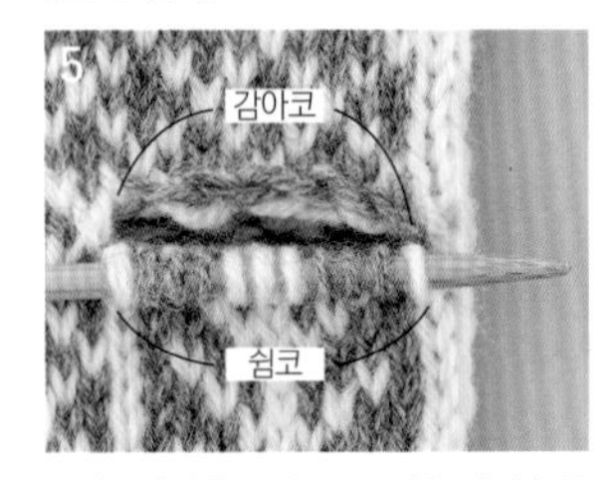

엄지손가락을 뜬다. 보조실을 꿰어 놓은 쉼코 11코를 바늘로 되돌린다.

실을 이어서 엄지손가락의 배색무늬를 뜬다.

모서리(●)에서 건너는 실(감아코의 마지막의 싱커루프)을 바늘로 주워, 돌려뜨기를 한다.

돌려뜨기 1코를 뜬 모습

계속해서 감아코 부분에서 11코 줍는다. 감아코의 코 가운데에 바늘을 넣어(화살표 참조) 실을 걸어서 줍는다.

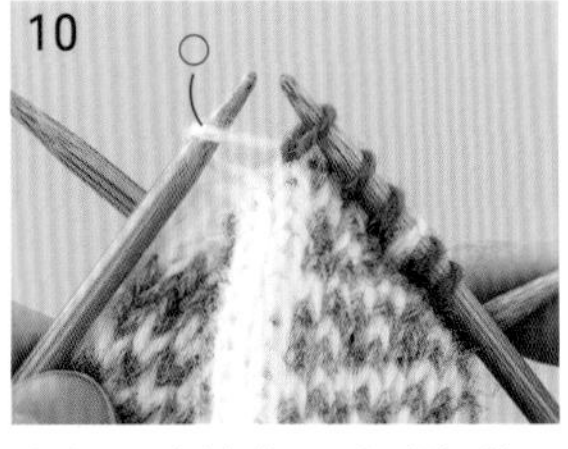

반대쪽 모서리(○)도 7과 같이 바늘로 주워서 감아코를 뜬다.

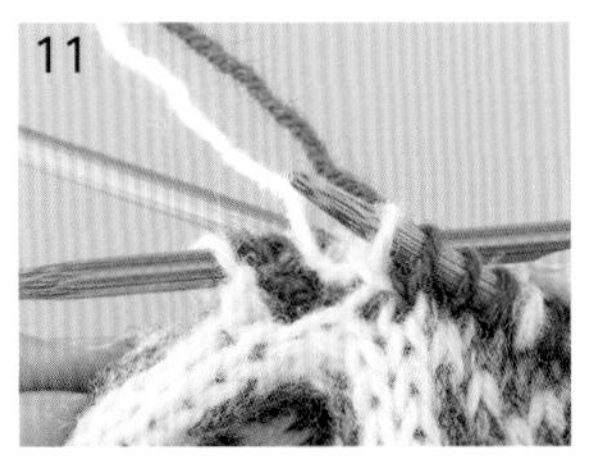

감아코가 11코 떠졌다.

1단을 뜬 모습. 엄지손가락은 원통으로 끝까지 뜬다.

【 설원의 아란 스웨터(p.4, 뜨는 법 p.43) 】

오른코 위 1코 교차뜨기(안뜨기)／뜨개바탕의 안면에서 뜨는 법 →

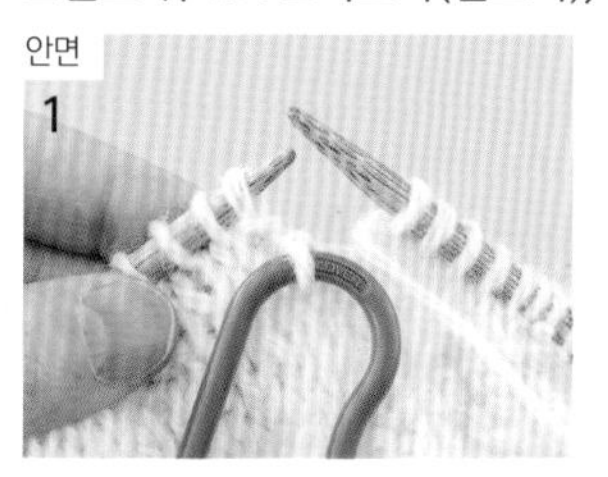

꽈배기바늘에 1코를 옮기고 앞쪽에 둔다.

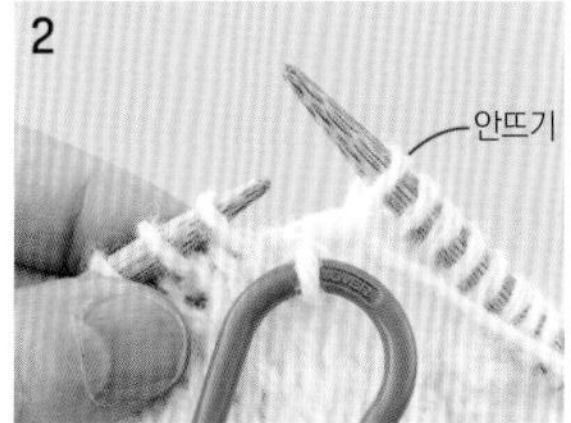

다음의 코를 안뜨기 한다.

꽈배기바늘의 코를 겉뜨기 한다.

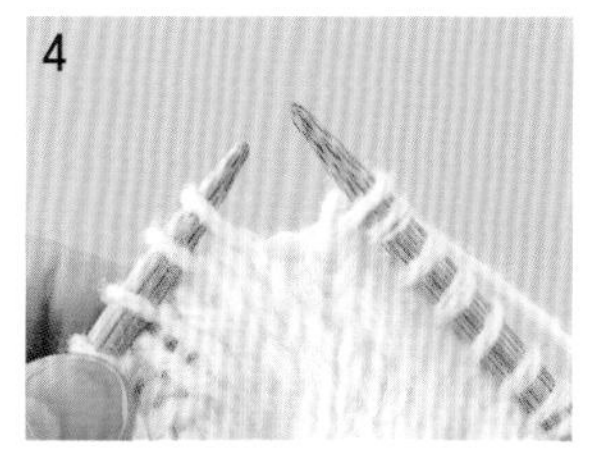

오른코 위 교차뜨기(안뜨기)가 떠졌다.

왼코위 1코 교차뜨기(안뜨기)／뜨개바탕의 안면에서 뜨는 법 →

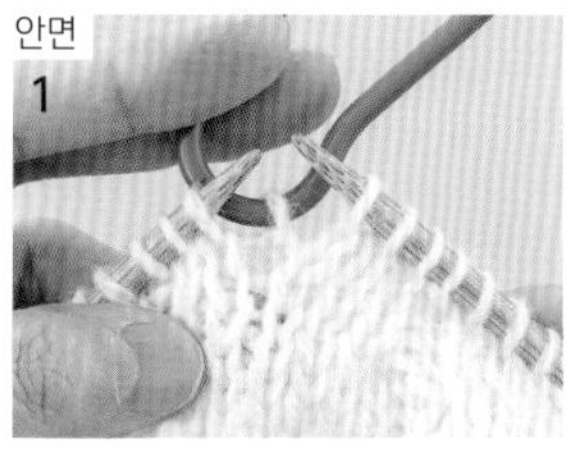

꽈배기바늘에 1코를 옮기고 앞쪽에 둔다.

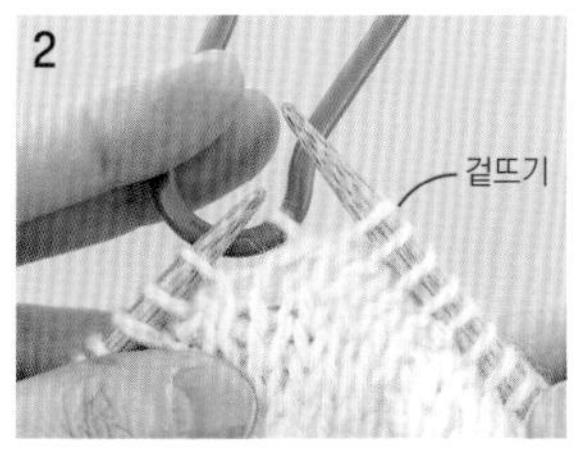

다음의 코를 겉뜨기 한다.

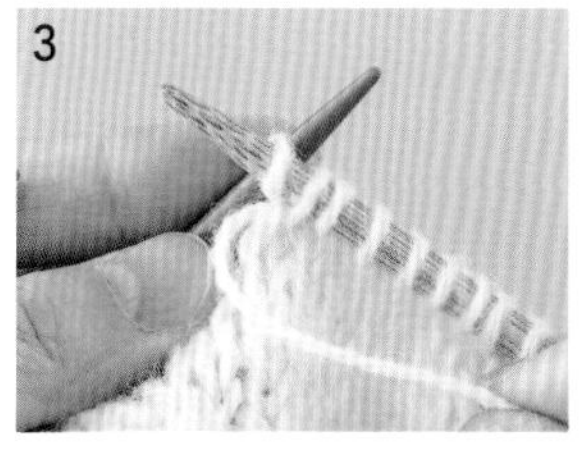

꽈배기바늘의 코를 안뜨기 한다.

왼코 위 교차뜨기(안뜨기)가 떠졌다.

【 트위드 무늬 베스트(p.8, 뜨는 법 p.50) 】

무늬뜨기／원통뜨기에서 걸러뜨기 하는 법

첫 단은 초콜릿 색 실로 겉뜨기를 2코하고, 실을 뒤쪽에 둔다. 다음 코에 오른쪽 바늘을 넣는다.

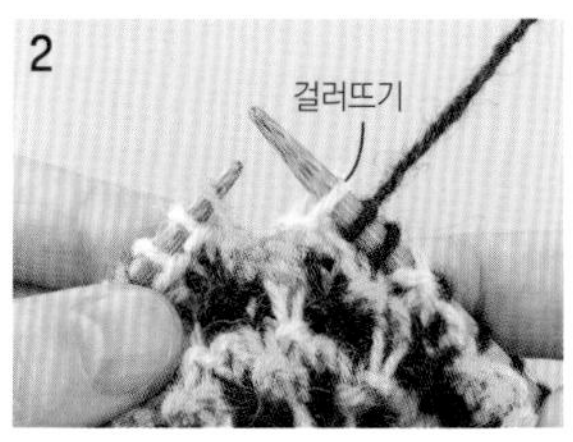

그대로 오른쪽 바늘에 코를 옮긴다(걸러뜨기).

1,**2**를 반복하며 1단 뜬다.

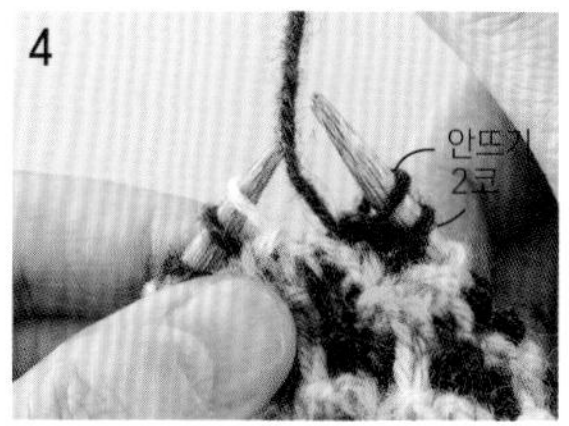

2번째 단은 초콜릿 색의 바늘로 안뜨기를 2코 뜬 후 실을 뒤쪽으로 놓는다.

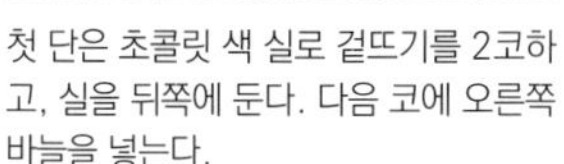

다음 코에 오른쪽 바늘을 넣는다.

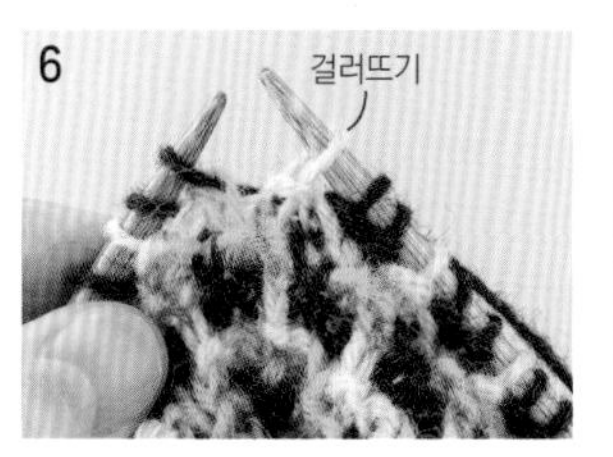

그대로 오른쪽 바늘에 코를 옮긴다(걸러뜨기).

바늘과 바늘 사이에서 실을 앞쪽으로 되돌려 안뜨기를 한다. **4~6**을 반복하며 2번째 단을 뜬다. 2단마다 배색실과 걸러코의 위치를 어긋나게 하여 떠 나간다.

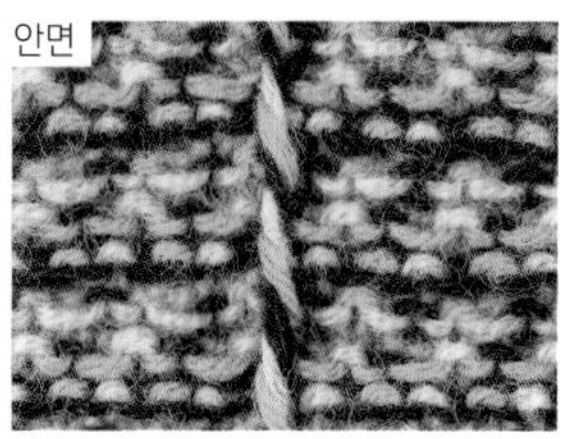

원통뜨기로 하는 경우에는 배색실이 안면 경계의 코에서 세로로 건넌다.

무늬뜨기／평면뜨기에서 걸러뜨기 하는 법

※ 평면뜨기 부분에서는 맨 끝 1코를 겉뜨기합니다.

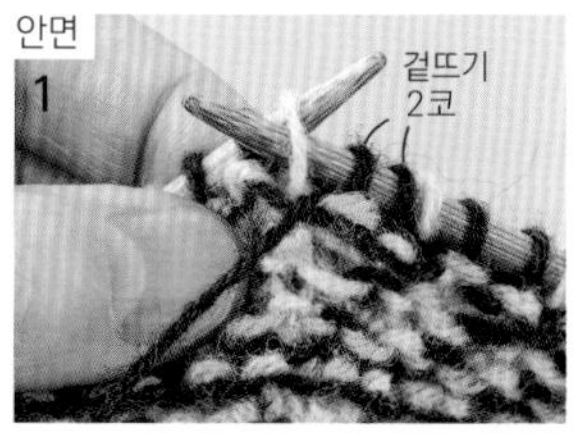

1 첫 단은 '원통뜨기에서 걸러뜨기 하는 법' **1~3**과 같은 방법으로 뜬다. 2단은 뜨개바탕의 방향을 바꾸어 겉뜨기로 2코를 뜬다. 바늘과 바늘의 사이에서 실을 앞으로 놓고 다음 코에 오른쪽 바늘을 넣는다.

2 코를 그대로 오른쪽 바늘로 옮긴다(걸러뜨기).

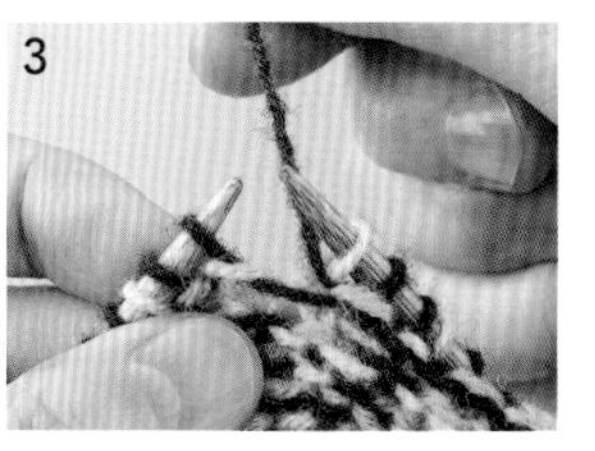

바늘과 바늘의 사이에서 실을 뒤쪽으로 되돌려 놓는다. **1~3**을 반복하며 2단을 뜬다. 2단마다 배색실과 걸러코의 위치를 어긋나게 하며 떠나간다.

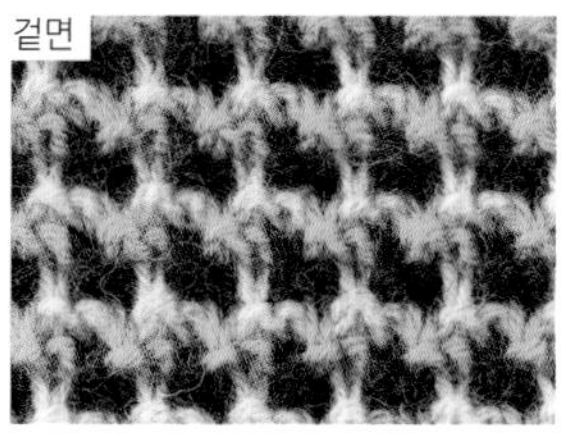

걸러코의 위치가 어긋나면서 무늬가 생긴다.

【 숄 카디건(p.22, 뜨는 법 p.84) 】

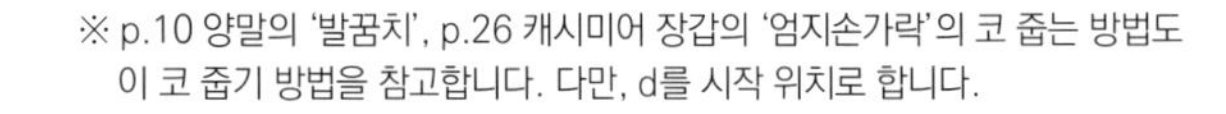
※ p.10 양말의 '발꿈치', p.26 캐시미어 장갑의 '엄지손가락'의 코 줍는 방법도 이 코 줍기 방법을 참고합니다. 다만, d를 시작 위치로 합니다.

보조실을 이용해서 소매의 코 줍기

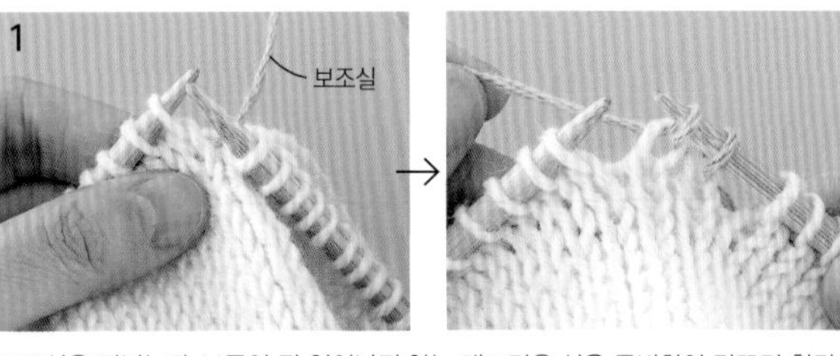

보조실을 떠넣는다. 보풀이 잘 일어나지 않는 매끄러운 실을 준비하여 겉뜨기 한다.

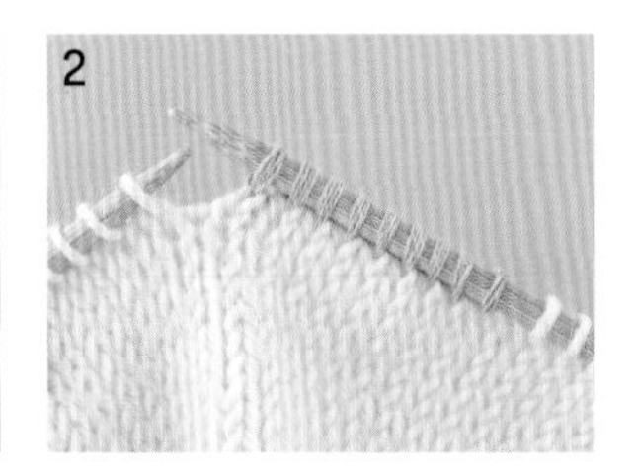

필요한 콧수만큼 보조실로 떠간다.(사진에서는 9코. 작품에서는 콧수가 달라진다)

보조실로 떠넣은 코를 사진처럼 왼쪽 바늘로 되돌린다.

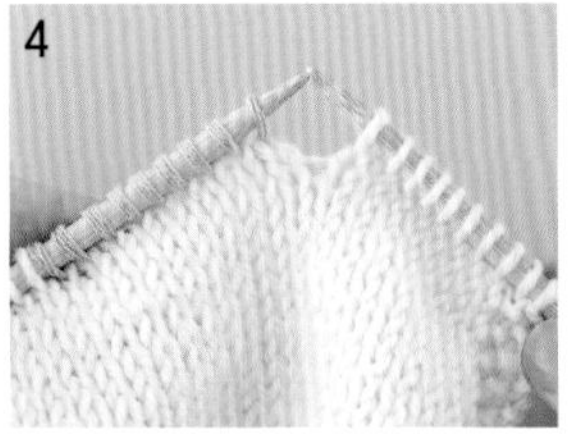

보조실의 코를 왼쪽 바늘로 전부 되돌린 모습

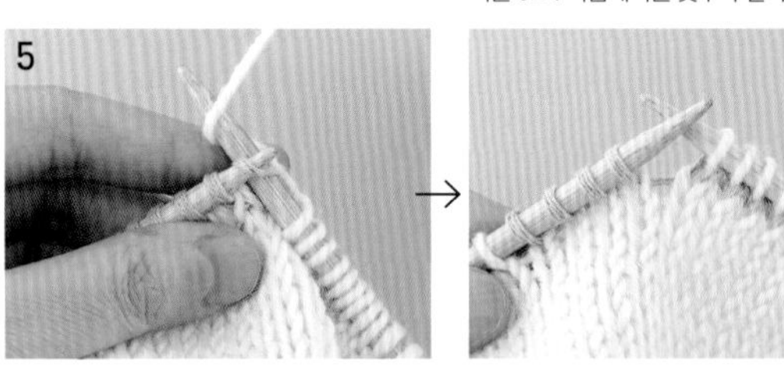

바늘을 넣어 바탕실로 보조실의 코를 뜬다. 단의 끝까지 뜬다.

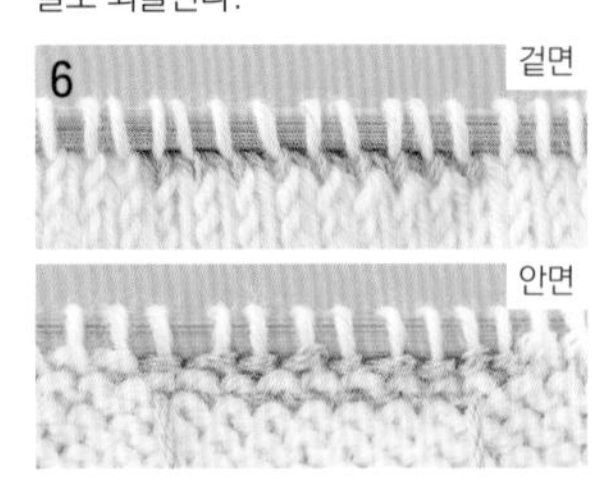

보조실을 떠넣은 모습. 계속해서 도안대로 떠 간다.

소매의 코 줍기. 보조실의 아래쪽의 코를 오른쪽에서 바늘을 넣어서 줍는다. (사진은 9코)

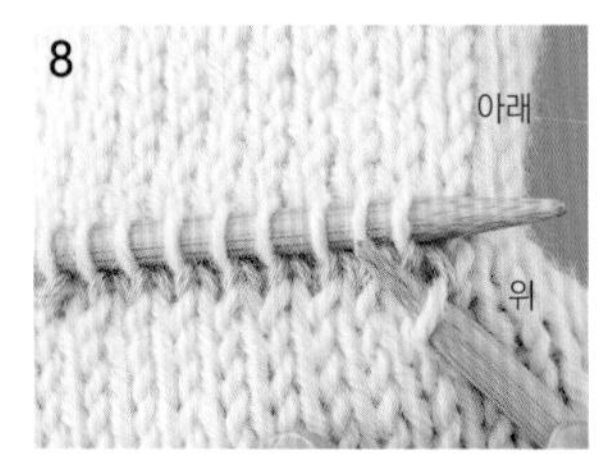

뜨개바탕의 위아래를 뒤집어서 보조실의 위쪽 코를 줍는다. 1번째 코는 왼쪽에, 2번째 이후에는 오른쪽에 바늘을 넣는다.

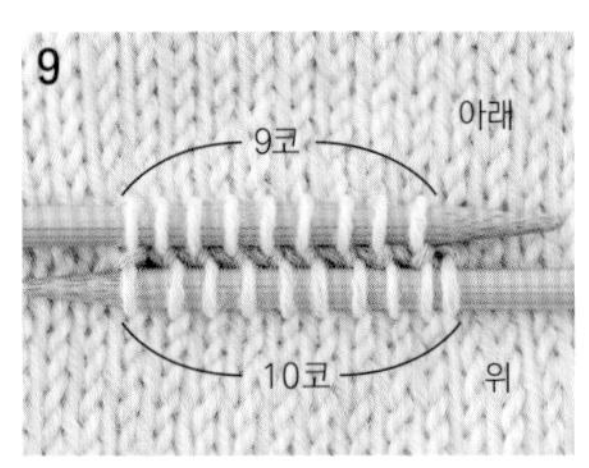

위쪽 코를 주웠다. 위쪽은 아래보다 1코 많이 줍는다. (사진은 10코)

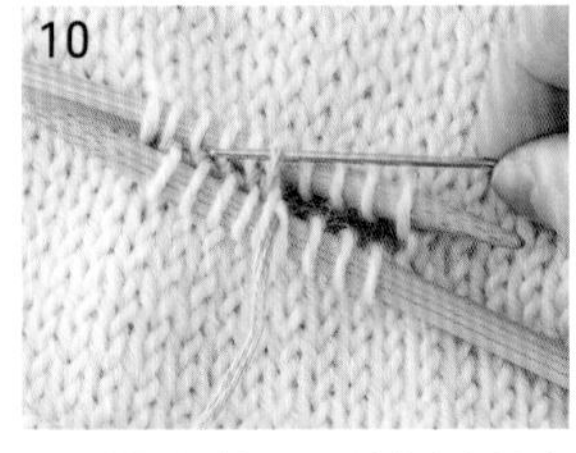

보조실을 돗바늘로 끌어내면서 푼다. 바탕실을 당기지 않도록 주의한다.

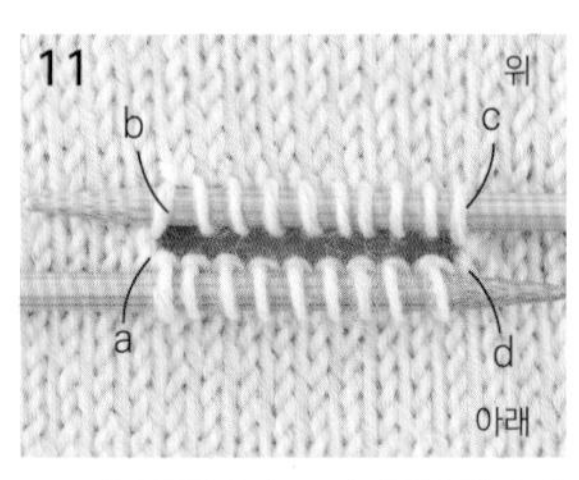

보조실을 풀어냈다. 뜨개바탕을 원래 방향으로 되돌린다. a~d는 **14** 이후에서 돌려뜨기를 하는 위치. a, d는 싱커루프를 주워 뜬다.

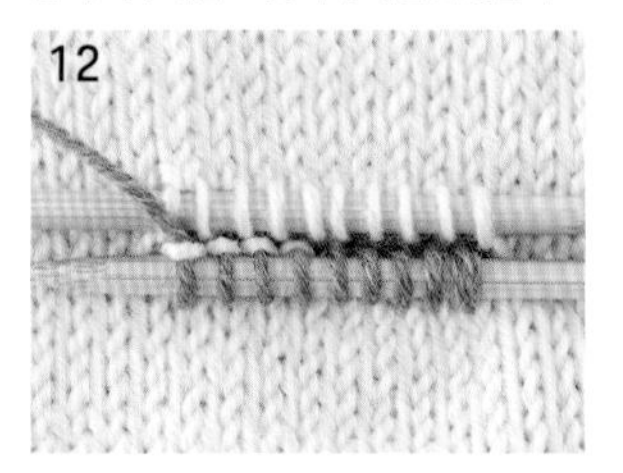

첫 단을 떴다. 아래 쪽은 겉뜨기 한다.

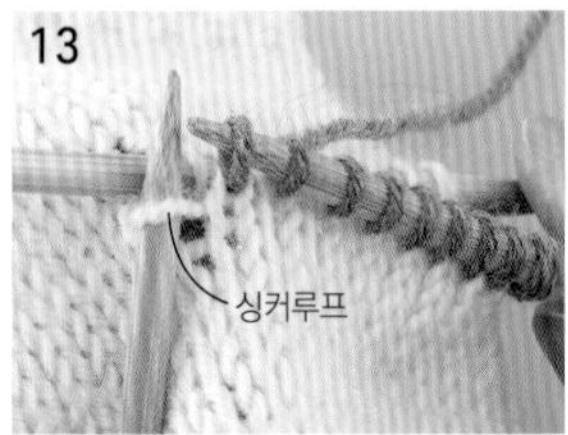

왼쪽의 코와 그 다음 코 사이의 싱커루프를 새로운 바늘로 줍는다.

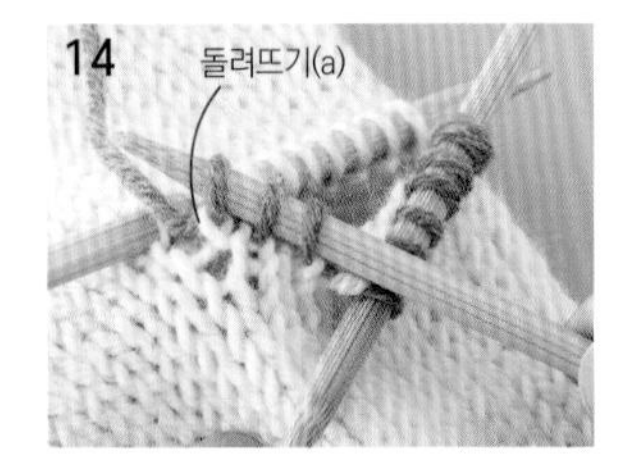

싱커루프를 돌려뜨기 한다(a). 다른 코에 새로운 바늘을 넣어서 코를 3개의 바늘에 나눈다.

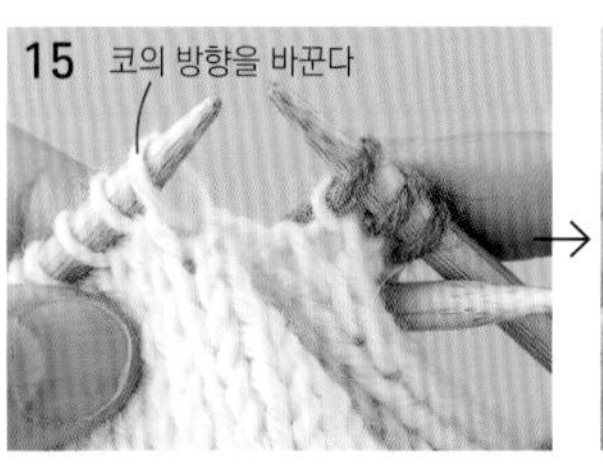

위쪽의 첫 번째 코에 오른쪽 바늘을 넣고, 코의 방향을 바꾸어 왼쪽 바늘에 되돌린다.

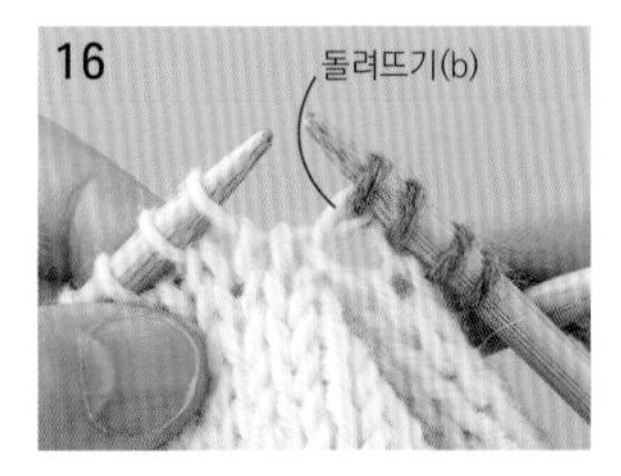

방향을 바꾼 코를 돌려뜨기 한다(b).

위쪽의 1코 전까지 겉뜨기 한다

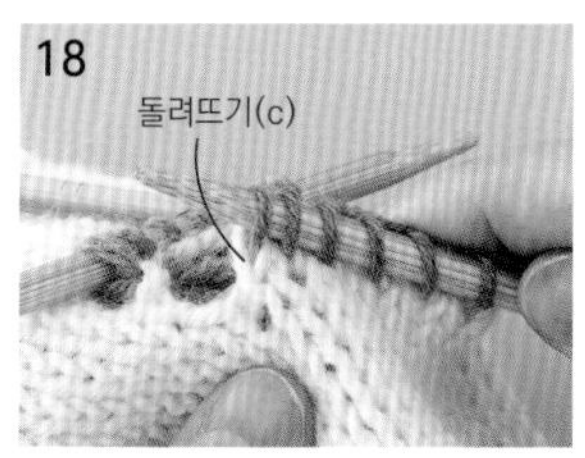

마지막의 코를 돌려뜨기 한다(c)

새 바늘로 아래쪽 오른쪽 끝의 코와 그 앞 코 사이의 싱커루프를 줍는다.

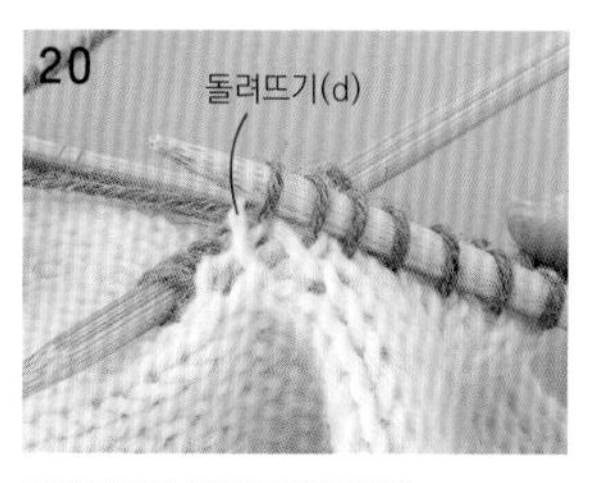

싱커루프를 돌려뜨기한다(d). 첫 단을 떴다.

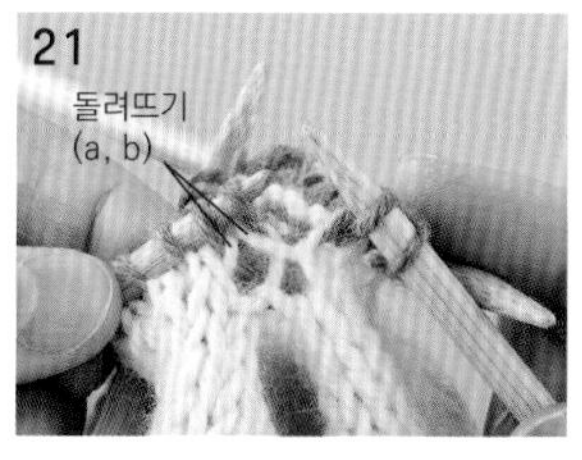

2번째 단을 뜬다. 돌려뜨기(a, b)의 전 코까지 겉뜨기 한다.

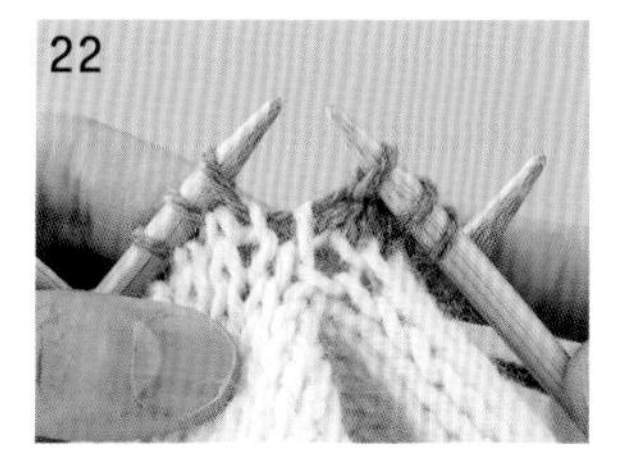

돌려뜨기 2코(a, b)를 왼코위 모아뜨기 한다.

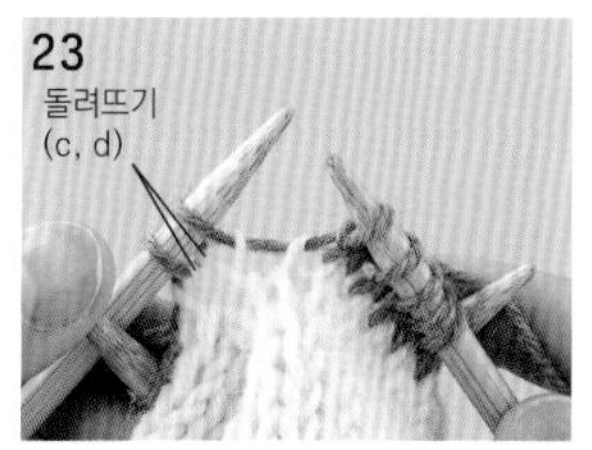

돌려뜨기(c, d)코의 직전까지 겉뜨기 한다.

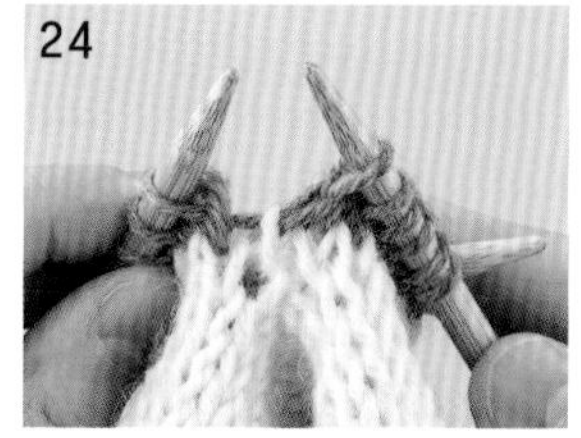

돌려뜨기2코(c, d)를 왼코 위 2코 모아뜨기 한다.

【 Color composition 캐시미어 장갑(p.26, 뜨는 법 p.65) 】

캐시미어의 축융은 방적유를 떨어내고 캐시미어 본래의 감촉으로 되돌리는 방법이다. 세탁과 사용을 반복하는 중에 섬유가 일어나 폭신폭신해진다.

캐시미어의 촉감을 내는 축융 방법

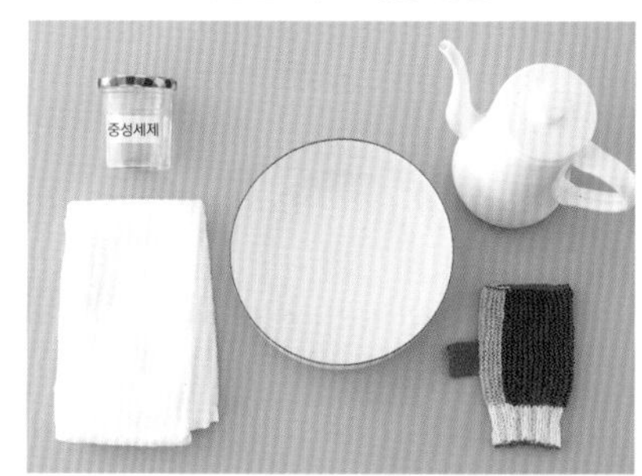

장갑을 다 뜨면 축융 작업을 준비한다. 준비물은 대야, 타올, 뜨거운 물, 손세탁용 중성세제이다.

축융 전(사진 왼쪽)에는 뜨개코가 뚜렷하게 보인다.
축융 후(사진 오른쪽)에는 뜨개코가 적당히 풀어져서 폭신하게 마무리되었다. 축융을 반복하여 좋아하는 촉감으로 만드는 것을 추천한다.

대야에 뜨거운 물(약40도)과 중성세제를 넣고 섞는다. (중성세제의 양은 세제의 사용설명서를 참조) 장갑 양쪽을 넣고 10분 정도 담근다. 세제액을 스며들게 하는 것으로 방적유가 떨어진다.

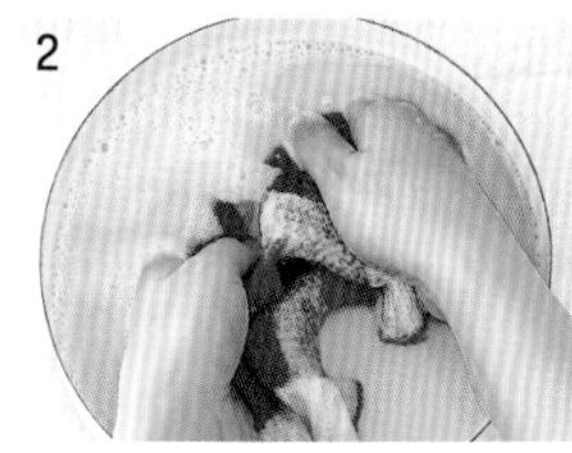

힘을 빼고 뜨개바탕끼리 가볍게 비빈다. 이 때 색이 조금 빠지기도 한다.

장갑을 양손에 끼고 손을 씻는 것처럼 편물의 표면을 문지른다. **2**, **3**의 공정을 진행할 때에는 물 온도를 약 40도로 유지하도록 뜨거운 물을 적절히 보충한다.

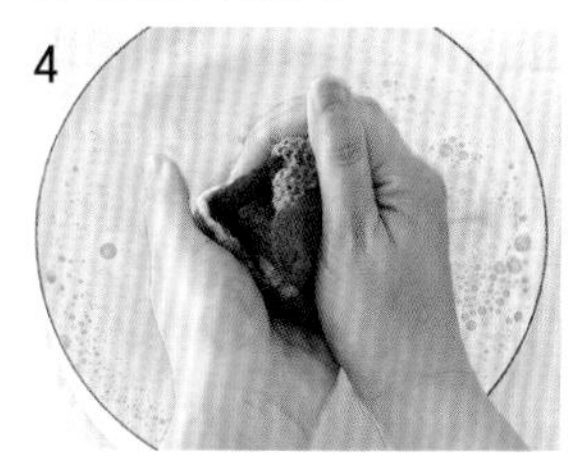

장갑의 물기를 가볍게 짜낸다.

섬유가 일어난 모습.

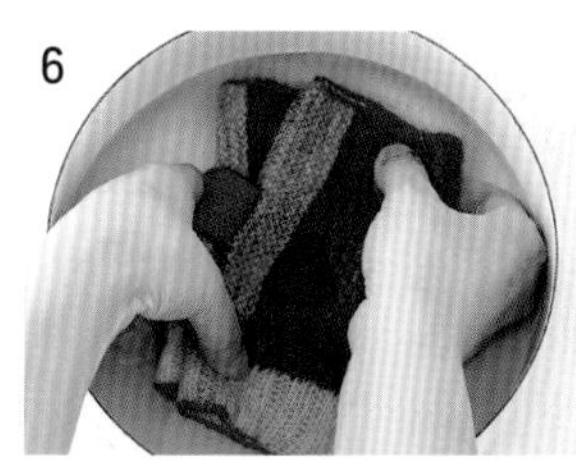

대야에 40도의 뜨거운 물을 담는다. 뜨거운 물을 갈아가며 수차례 반복한다.

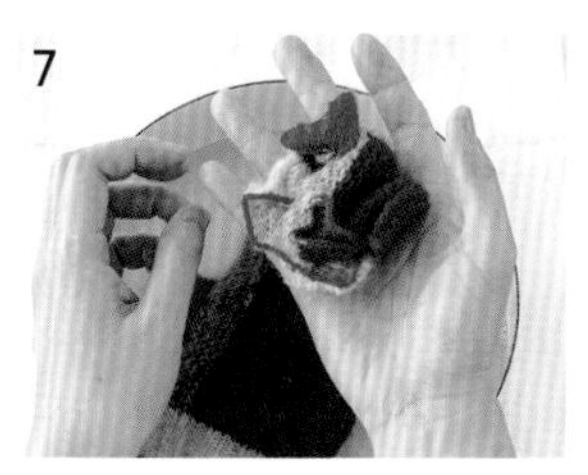

장갑의 물기를 가볍게 짜낸다.

타올 위에 놓고 형태를 정리한다. 물기를 제거하고 그대로 그늘에서 말린다.

【 브리오슈 레그워머(p.29, 뜨는 법 p.88) 】

이 기법은 미국의 제니 스타이만Jeny Staiman이 고안한 제니의 신축성 있는 코막음Jeny's Surprisingly Stretchy Bind-off을 기본으로 합니다. 원래 코막음은 실 1 가닥으로 하는데, 이 작품에서는 브리오슈 뜨기의 뜨개바탕의 두께와 조화를 이루도록 실 2 가닥으로 합니다.
제니 스타이만 인스타그램 @jenystaiman

신축성 있는 코막음

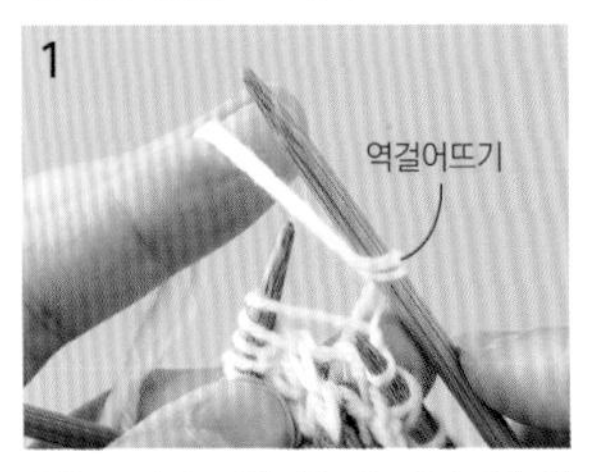

실을 1 가닥 더한다(2겹). 오른 바늘에 실을 뒤에서 앞으로 건다. 걸어뜨기와는 실을 거는 방법이 반대가 된다. (이후 '역걸어뜨기'로 표시)

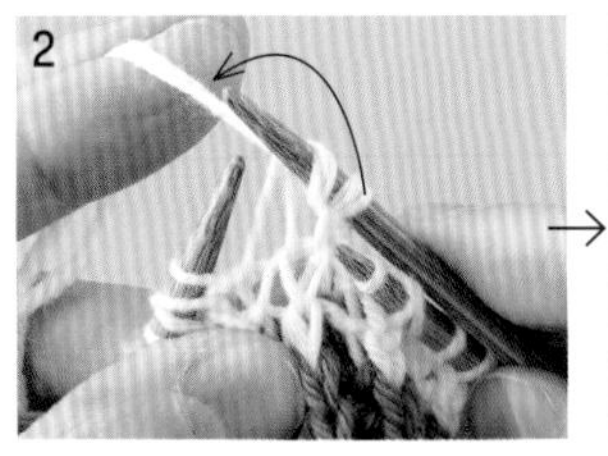

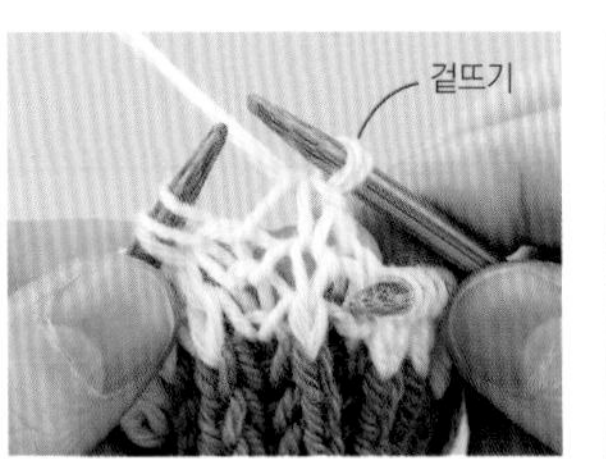

겉뜨기를 하고 역걸어뜨기 코를 겉뜨기에 덮어씌운다.

걸어뜨기 한다.

안뜨기를 하고 걸기코를 안코에 덮어씌운다.

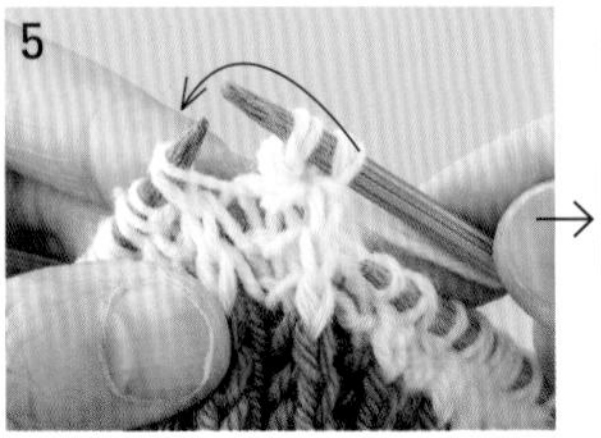

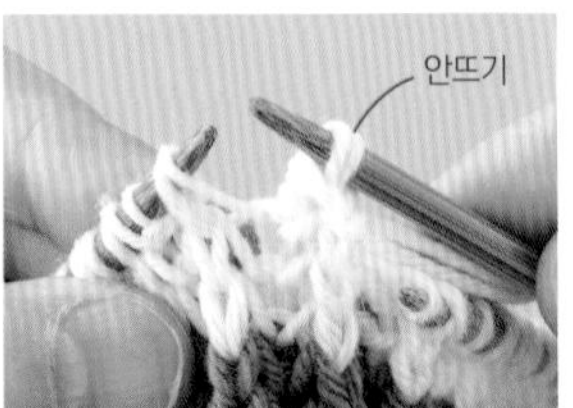

겉뜨기 코를 안뜨기 코에 덮어씌운다

역걸어뜨기 한다.

겉뜨기를 하고 역걸어뜨기 코를 겉뜨기 코에 덮어씌운다.

안코를 겉뜨기코에 덮어씌운다.

3~8을 반복한다. 마지막에 실을 15㎝ 남기고 자른다. 돗바늘을 뜨기 시작코에 넣어서 마무리 한다.(체인 잇기 마무리)

【 나기 카디건(p.18, 뜨는 법 p.65) 】

단춧구멍 내는 법

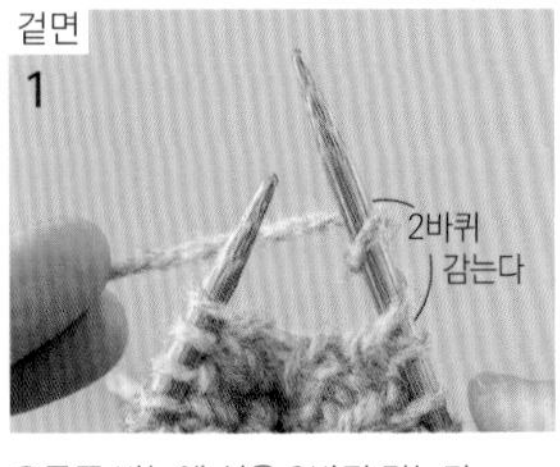

오른쪽 바늘에 실을 2바퀴 감는다 (2코 걸어뜨기)

다음 코를 왼코 위 2코 모아뜨기 한다. 단의 끝까지 뜬다

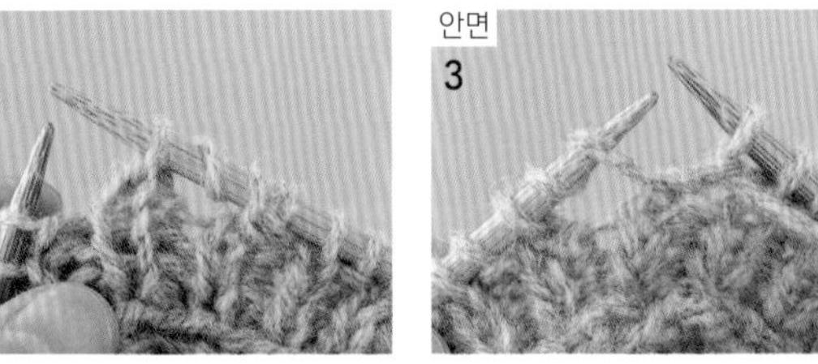

뜨개바탕의 좌우를 뒤집어 다음 단을 든다. 2코 걸어뜨기 코의 직전까지 뜬다.

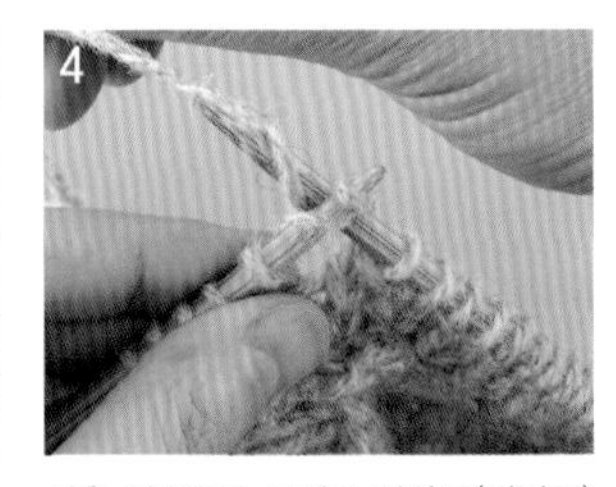

실을 뒤쪽으로 보내고 감아코(걸기코)의 첫번째 코에 앞에서 오른바늘을 넣어 겉뜨기한다.

걸기코의 겉뜨기(겉면에서 보면 안코)가 1코 떠졌다.

실을 앞으로 가져온다.

감아코(걸기코)의 두 번째의 코에 바늘을 뒤에서 넣고 안뜨기 한다.

2코 걸어뜨기에 겉코, 안코(겉면에서 보면 안코, 겉코) 2코를 떴고 구멍이 생겼다.

계속해서 단 끝까지 뜬다.

겉면에서 본 단춧구멍
(몇 단 뜬 모습)

【 줄바늘로 평면뜨기 하는 법 】

막대바늘로 뜰 때처럼 뜨개바탕을 뒤집어가며 뜨면 평면뜨기로 떠진다. 콧수가 많을 때 편리합니다.

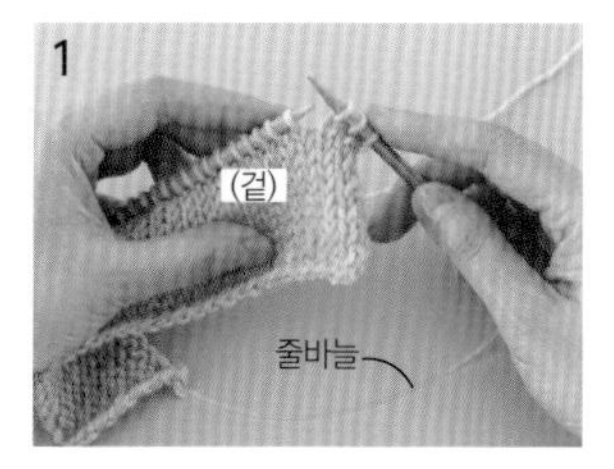

막대바늘과 마찬가지로 뜨개바탕을 왼쪽에 들고 뜬다.

끝까지 떴다. 뜨개바탕이 오른쪽 바늘로 왔다.

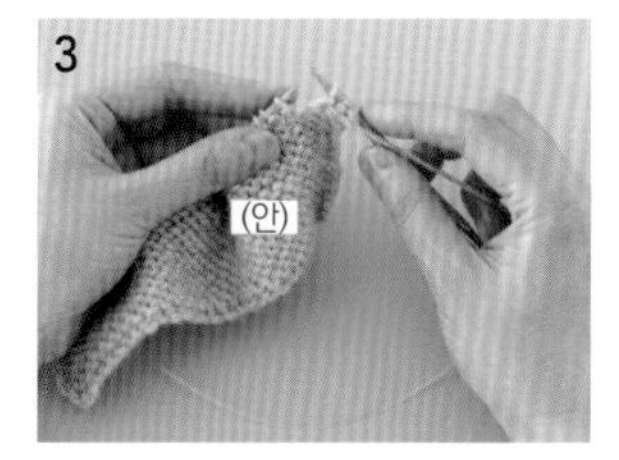

뜨개바탕을 바늘째로 뒤집는다. 뜨개바탕이 왼쪽에 오게 되어 막대바늘로 뜨는 것과 같다.

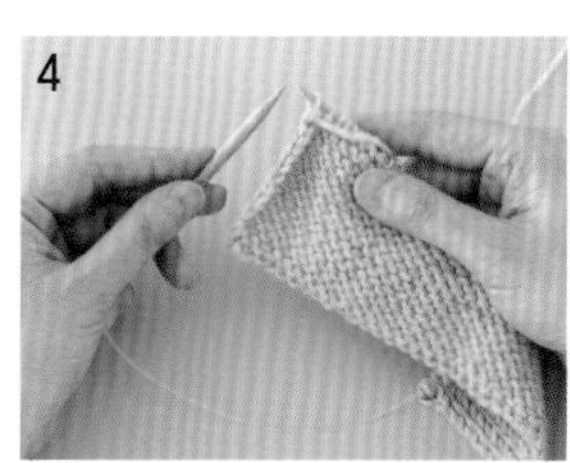

끝까지 떴다. 먼저처럼 뜨개바탕을 바늘째로 안/겉으로 뒤집어가면서 뜬다.

【 매직루프로 뜨는 법 】

짧은 줄바늘이나 4, 5개의 막대바늘 없이도 소맷부리 등 좁은 원통 모양의 뜨개바탕을 뜨는 방법입니다. 80㎝ 줄바늘 1개로 의류부터 소품까지 다양한 사이즈의 원통 뜨기가 가능하다. 되도록이면 코드(줄)가 유연한 줄바늘을 사용하는 것이 좋습니다.

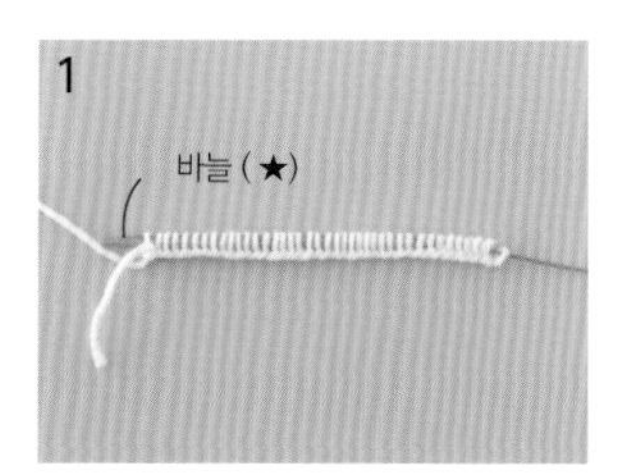

줄바늘의 바늘 1개(★)로 '손가락으로 걸어 만드는 코'를 만든다. (첫 번째 단)

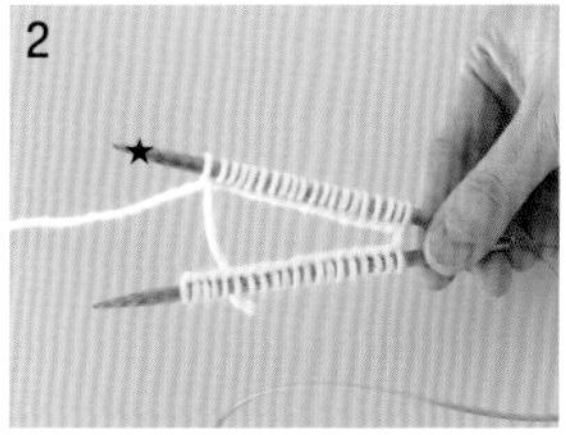

시작코를 반씩 나눈다. 이제부터 뜨개바탕의 겉면이 항상 앞쪽에 오도록 바늘을 쥔다.

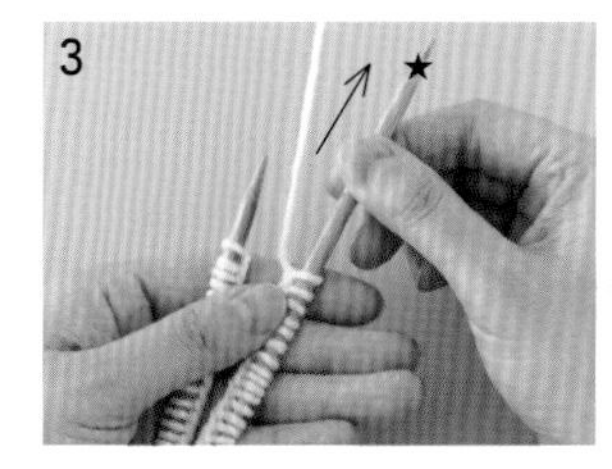

시작 부분(★)의 바늘을 당긴다.

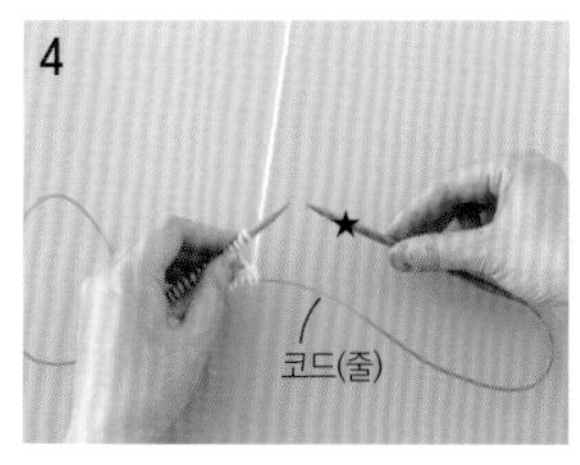

시작코의 절반을 코드로 이동시킨다. 사진처럼 왼손에 뜨개바탕을 쥐고, 양손으로 바늘을 쥔다.

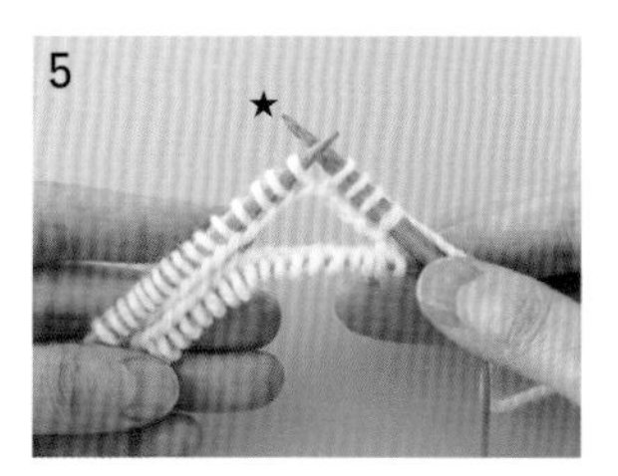

두 번째 단을 뜬다. 첫 코는 실을 당기듯이 뜬다. 코가 꼬이지 않도록 사진처럼 오른손으로 바늘과 코드를 잡고 반을 뜬다.

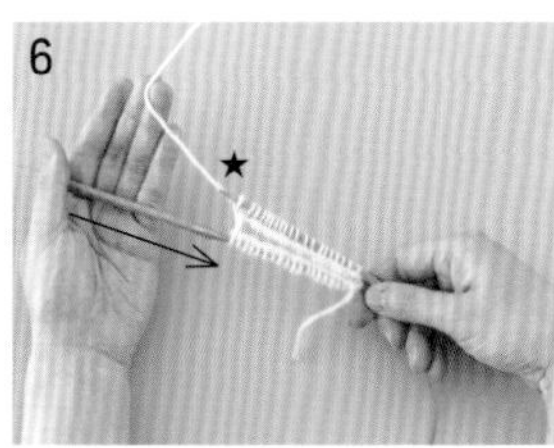

두 번째 단을 반쯤 뜨면 코드에 있는 코를 왼손에 쥔 바늘로 옮긴다.

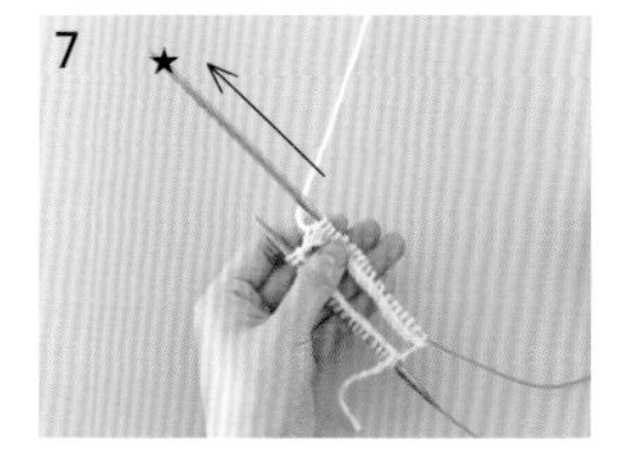

또 다른 쪽의 바늘(★)을 잡아당긴다.

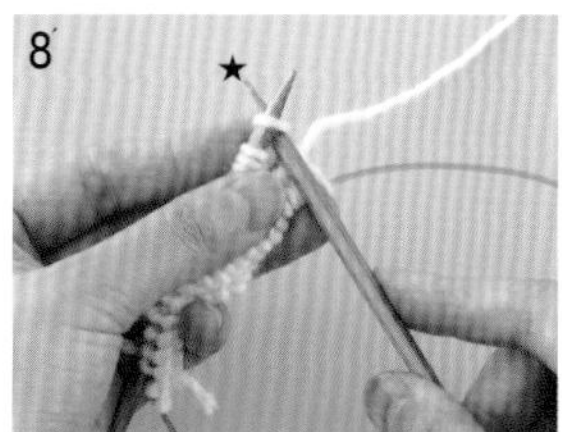

4와 같은 방법으로 양손에 바늘을 잡고 남은 반을 뜨면 두 번째 단 뜨기가 끝난다.

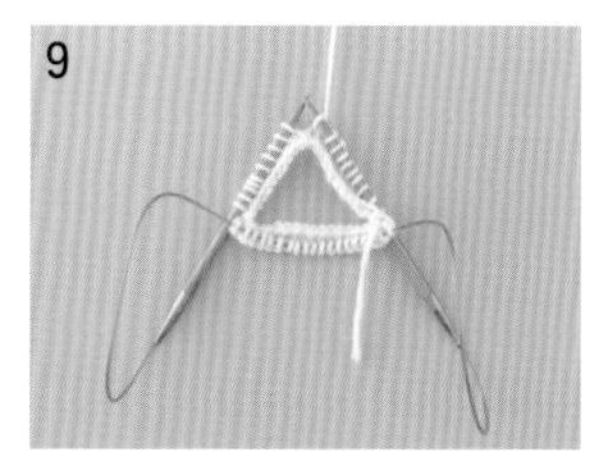

세 번째 단부터는 **3~8**을 반복하여 뜬다.

p.19 트윈 케이블 비니

재료 [퍼피]셰틀랜드 베이지(7) 65g
도구 7호(4.2㎜) 40㎝ 줄바늘, 7호 짧은 막대바늘 4개 (매직루프 (p.41 참조)로 뜰 때에는 80㎝ 줄바늘), 5호(3.6㎜) 40㎝ 줄바늘
게이지 무늬뜨기 27.5코 29단 / 10㎝×10㎝
완성 치수 머리둘레 48㎝, 높이 21.5㎝

뜨는 법
실은 1가닥으로, 지정 호수의 바늘로 뜬다.
5호 바늘로 손가락으로 걸어 만드는 시작코를 132코 잡아 원통으로 만든다. 계속해서 1코 고무뜨기로 8단까지 뜬다. 7호 바늘로 바꿔서 무늬뜨기로 26단 뜬다. 계속해서 코줄임 해가며 28단 뜬다. 마지막 단의 12코에 실을 2바퀴 통과시켜 조인다.

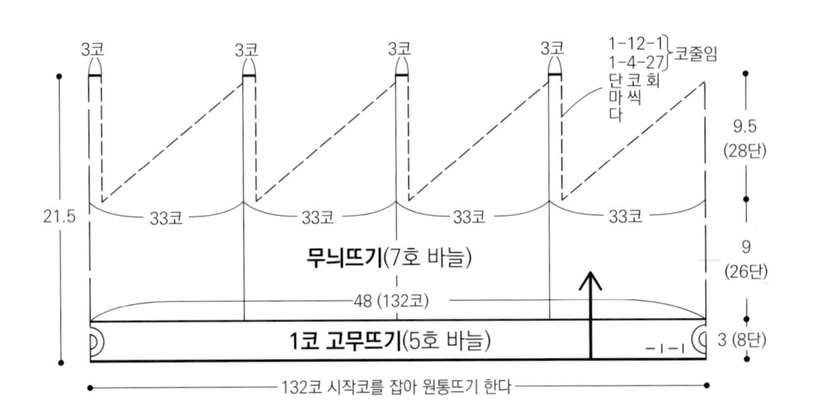

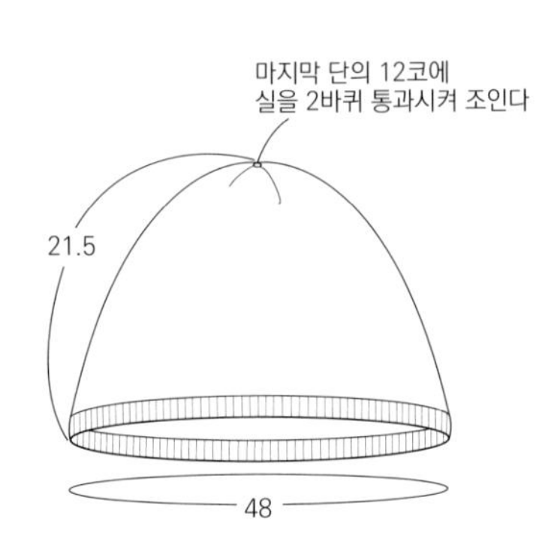

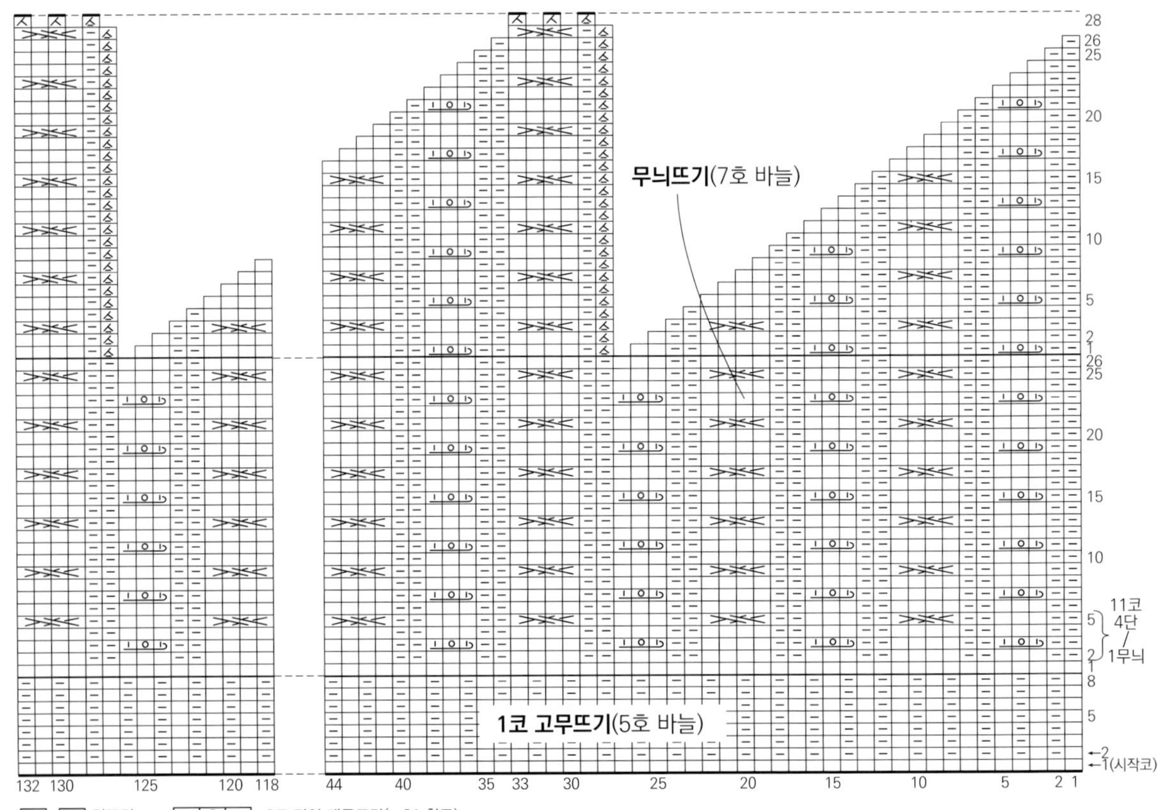

□=| 겉뜨기 |o| =3코 덮어 매듭뜨기(p.81 참조)
— = 안뜨기

p.4 설원의 아란 스웨터

<u>재료</u> [다루마] 체비엇울 미색(1) M사이즈 600g, L사이즈 700g

<u>도구</u> 8호(4.5㎜), 6호(3.9㎜) 80㎝ 줄바늘(줄바늘로 평면뜨기 (p.41 참조)), 6호 40㎝ 줄바늘

<u>게이지</u> 무늬뜨기A 29코 25단 / 11.5㎝×10㎝
무늬뜨기B, B′ 18코 25단 / 10㎝×10㎝

<u>완성 치수</u> M사이즈 가슴둘레 106㎝, 길이 61.5㎝, 어깨너비 45.5㎝, 소매길이 46㎝, 화장(뒷목 중심~소맷부리) 69㎝
L사이즈 가슴둘레 114㎝, 길이 68㎝, 어깨너비 49.5㎝, 소매길이 47.5㎝, 화장 72.5㎝

<u>뜨는 법</u> [ ] 안은 L사이즈의 콧수, 단수.
실은 1가닥으로, 지정 호수의 바늘로 뜬다.

• 앞·뒤 몸판 뜨기

6호 바늘로 손가락으로 걸어 만드는 시작코를 108코[116코] 잡는다. 계속해서 1코 고무뜨기를 24번째 단까지 뜬다. 8호 바늘로 바꾸어 첫 번째 단에서 120코[128코]로 코늘림 한다. 무늬뜨기B, A, B′로 68단[84단] 뜬다. 소매아래선에 보조실을 꿰어 쉼코로 두고 계속해서 진동 둘레를 무늬뜨기B, A, B로 52단 뜬다. 목둘레는 덮어씌우기 코막음 하고 코줄임 해가며 뜬다. 어깨의 6단을 경사뜨기 하고 쉼코로 둔다.

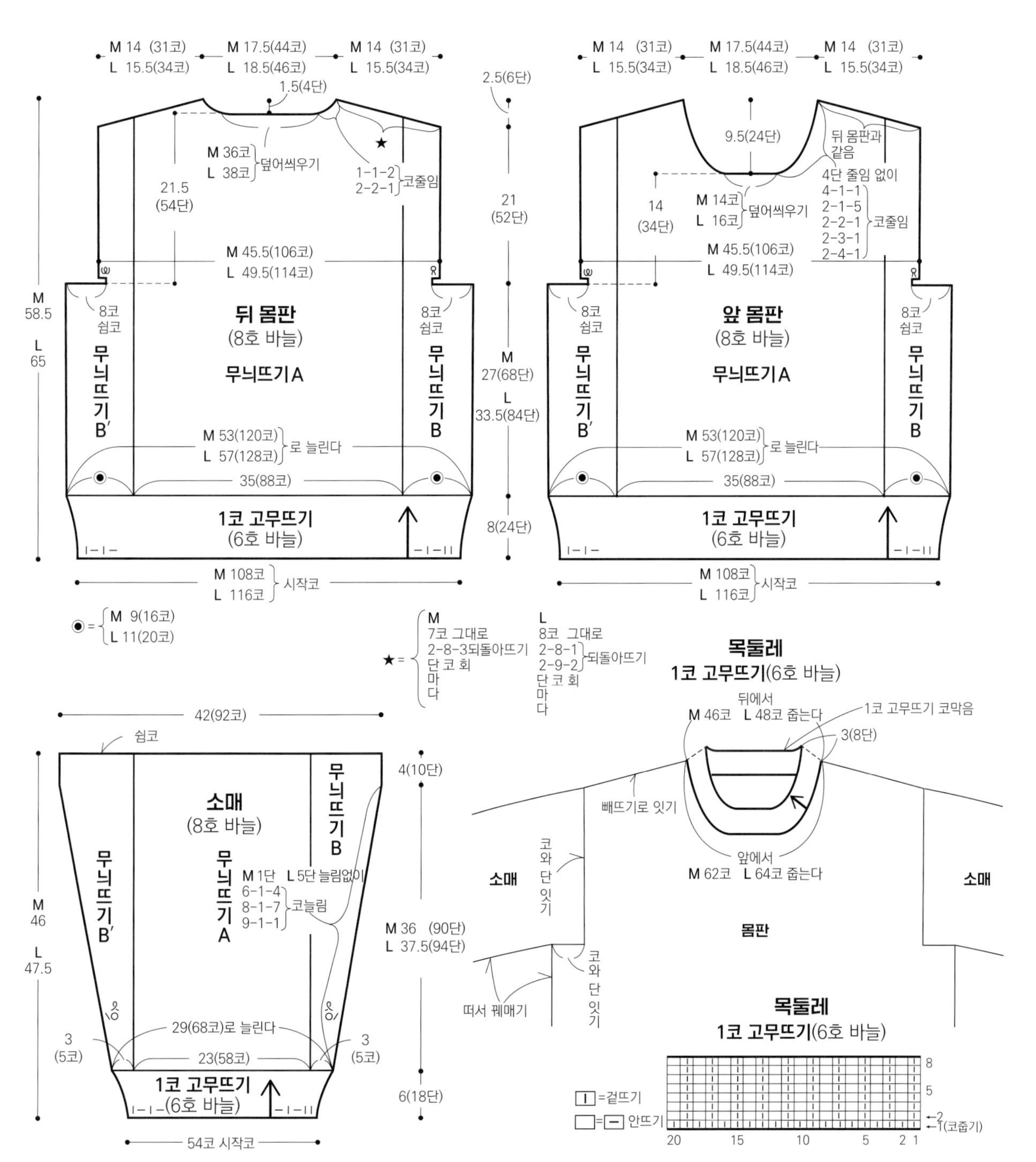

• 소매 뜨기

6호 바늘로 손가락으로 걸어 만드는 시작코를 54코 잡는다. 계속해서 1코 고무뜨기를 18단까지 뜬다. 8호 바늘로 바꾸어 첫 단에서 68코로 코늘림 한다. 무늬뜨기B, A, B′로 소매 옆선에서 코를 늘려가며 100단[104단] 뜬다.

• 마무리

어깨를 빼뜨기로 잇는다. 목둘레에서 원통으로 코를 주워 6호 바늘로 1코 고무뜨기를 8단까지 뜬다. 1코 고무뜨기 코막음(원통뜨기) 한다. 몸판과 소매, 소매아래선을 코와 단 잇기로 잇는다. 옆선과 소매아래선은 떠서 꿰매기를 한다.

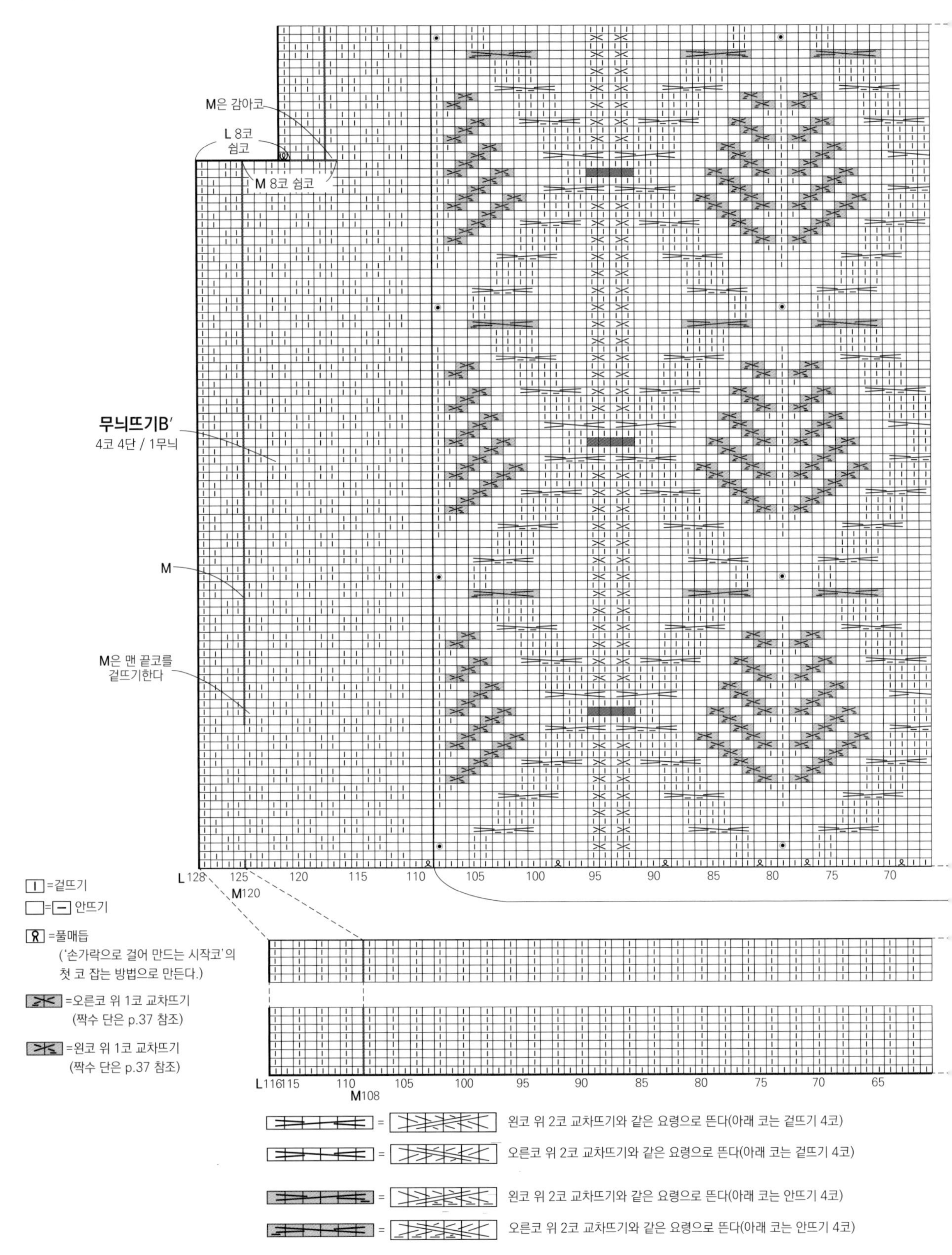

앞뒤 몸판 무늬뜨기 (8호 바늘)

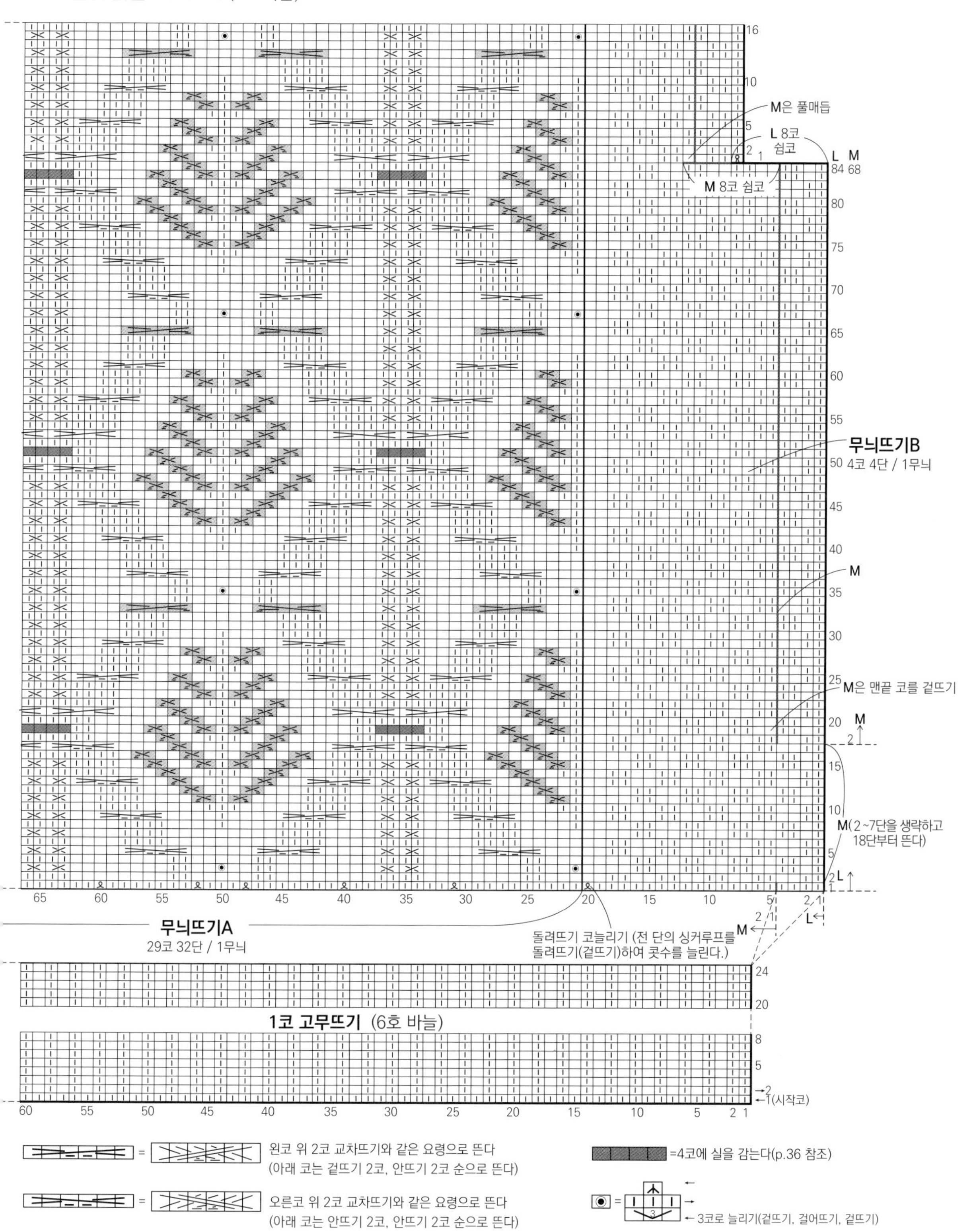

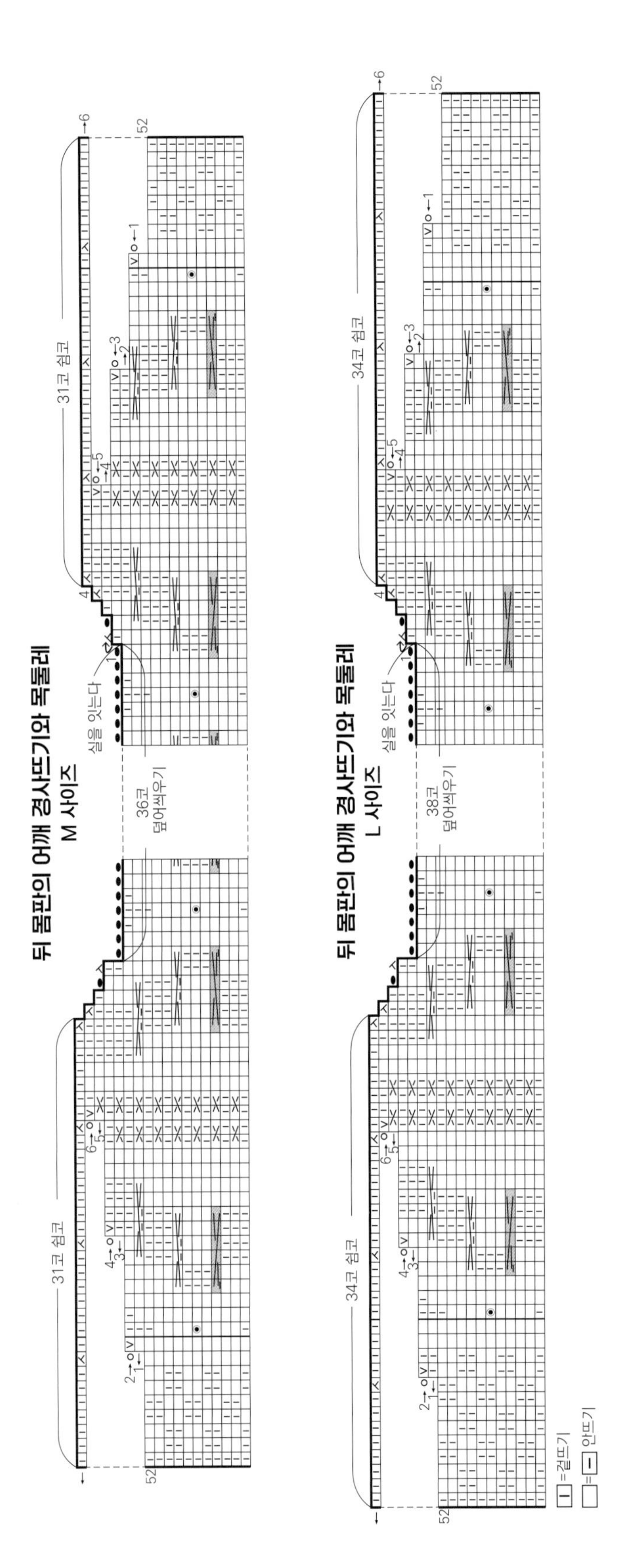
뒤 몸판의 어깨 경사뜨기와 목둘레
M 사이즈
31코 쉼코
36코
덮어씌우기
실을 잇는다
52
뒤 몸판의 어깨 경사뜨기와 목둘레
L 사이즈
34코 쉼코
38코
덮어씌우기
실을 잇는다
52
=걸뜨기
= 안뜨기

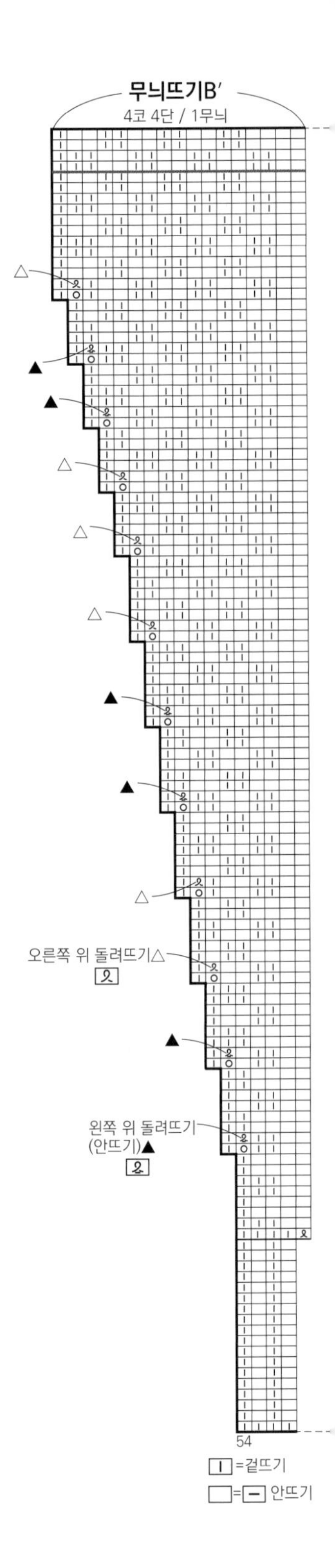
무늬뜨기B′
4코 4단 / 1무늬
오른쪽 위 돌려뜨기△
왼쪽 위 돌려뜨기
(안뜨기)▲
54
=걸뜨기
= 안뜨기

소매 무늬뜨기(8호 바늘)

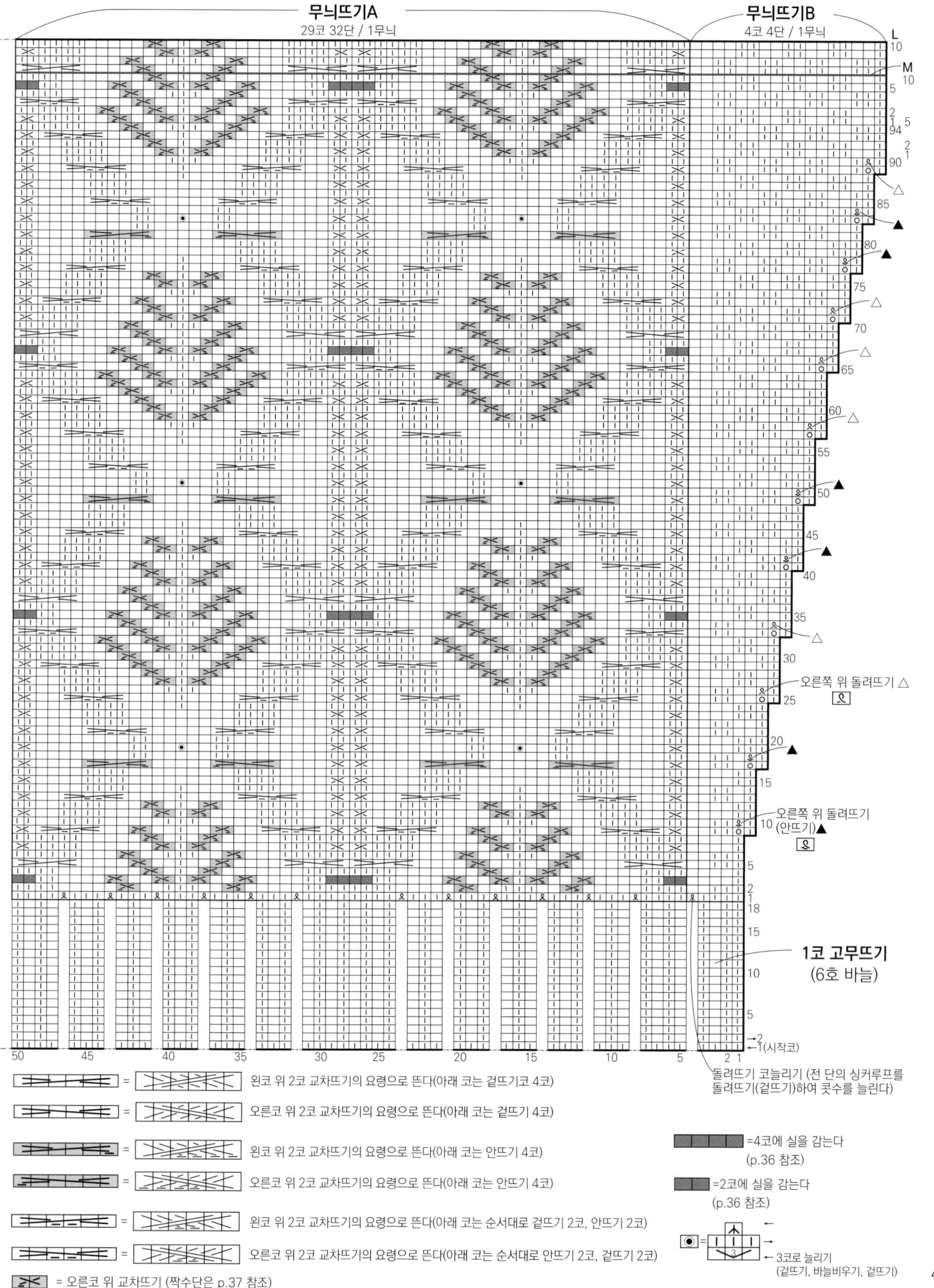
무늬뜨기A
29코 32단 / 1무늬
무늬뜨기B
4코 4단 / 1무늬
L
M
오른쪽 위 돌려뜨기 △
오른쪽 위 돌려뜨기
(안뜨기)▲
1코 고무뜨기
(6호 바늘)
1(시작코)
돌려뜨기 코늘리기 (전 단의 싱커루프를
돌려뜨기(겉뜨기)하여 콧수를 늘린다)
= 왼코 위 2코 교차뜨기의 요령으로 뜬다(아래 코는 겉뜨기코 4코)
= 오른코 위 2코 교차뜨기의 요령으로 뜬다(아래 코는 겉뜨기 4코)
= 왼코 위 2코 교차뜨기의 요령으로 뜬다(아래 코는 안뜨기 4코)
= 오른코 위 2코 교차뜨기의 요령으로 뜬다(아래 코는 안뜨기 4코)
= 왼코 위 2코 교차뜨기의 요령으로 뜬다(아래 코는 순서대로 겉뜨기 2코, 안뜨기 2코)
= 오른코 위 2코 교차뜨기의 요령으로 뜬다(아래 코는 순서대로 안뜨기 2코, 겉뜨기 2코)
= 오른코 위 교차뜨기 (짝수단은 p.37 참조)
= 왼코 위 교차뜨기 (짝수단은 p.37 참조)
=4코에 실을 감는다
(p.36 참조)
=2코에 실을 감는다
(p.36 참조)
3코로 늘리기
(겉뜨기, 바늘비우기, 겉뜨기)

p.7 설원의 아란 머플러

<u>재료</u> [다루마] 포클랜드 울 미색(1) 380g

<u>도구</u> 9호(4.8㎜), 8호(4.5㎜) 막대바늘 2개(줄바늘로 평면뜨기 (p.41 참조)할 때에는 9호, 8호 80㎝ 줄바늘)

<u>게이지</u> 무늬뜨기A 28코 32단 / 10㎝×12㎝
무늬뜨기B 20코 26.5단 / 10㎝×10㎝
무늬뜨기C, C′ 6코 26.5단 / 2.5㎝×10㎝(9호 바늘로 떴을 때)
무늬뜨기D11코 26.5단 / 4㎝×10㎝(9호 바늘로 떴을 때)

<u>완성 치수</u> 너비 약 15㎝, 길이 158.5㎝

<u>뜨는 법</u>

실은 1가닥으로, 지정 호수의 바늘로 뜬다.

8호 바늘로 손가락으로 걸어 만드는 시작코를 72코 잡는다. 계속해서 무늬뜨기C, D, C′와 1코 고무뜨기로 16단까지 뜬다. 9호 바늘로 바꾸어 첫 단에서 코늘림하여 무늬뜨기C, A, D, B, C′로 388단 뜬다. 8호 바늘로 바꾸어 2번째 단에서 코줄임을 하고 무늬뜨기C, D, C′와 1코 고무뜨기로 16단 뜬다. 마지막 단은 전 단과 같은 뜨기로 뜨면서 덮어씌우기 코막음 한다.

・마무리

양 끝을 떠서 꿰매기로 이어 원통형으로 만든다.

<u>포인트</u>

교차무늬는 단수를 세기가 어려우므로 평면뜨기로 떠서 세기 쉽도록 했다. 뜨개바탕의 양끝을 겉뜨기로 뜨면, 떠서 꿰매기로 마무리할 때에 단수를 쉽게 알아볼 수 있다.

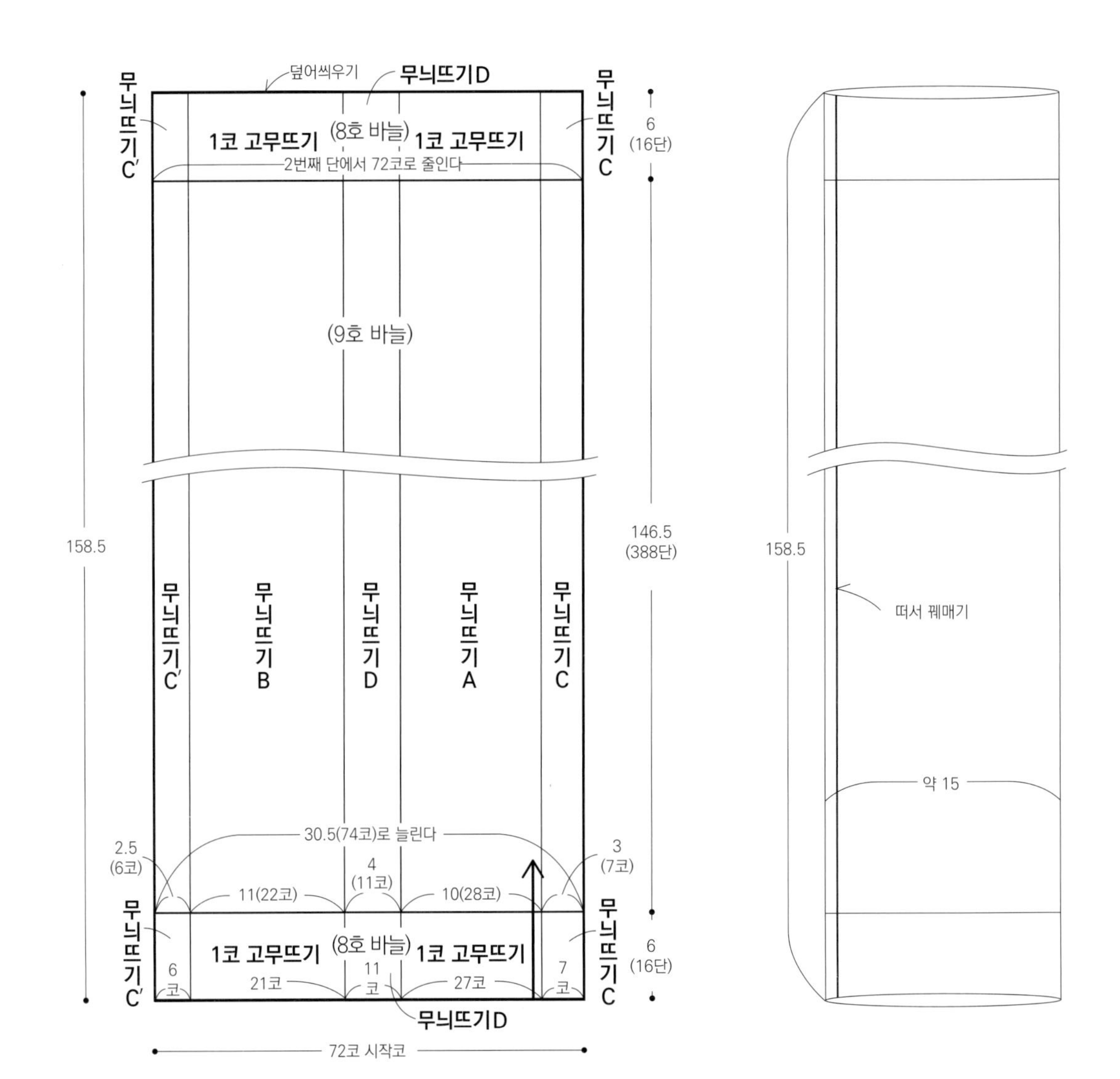

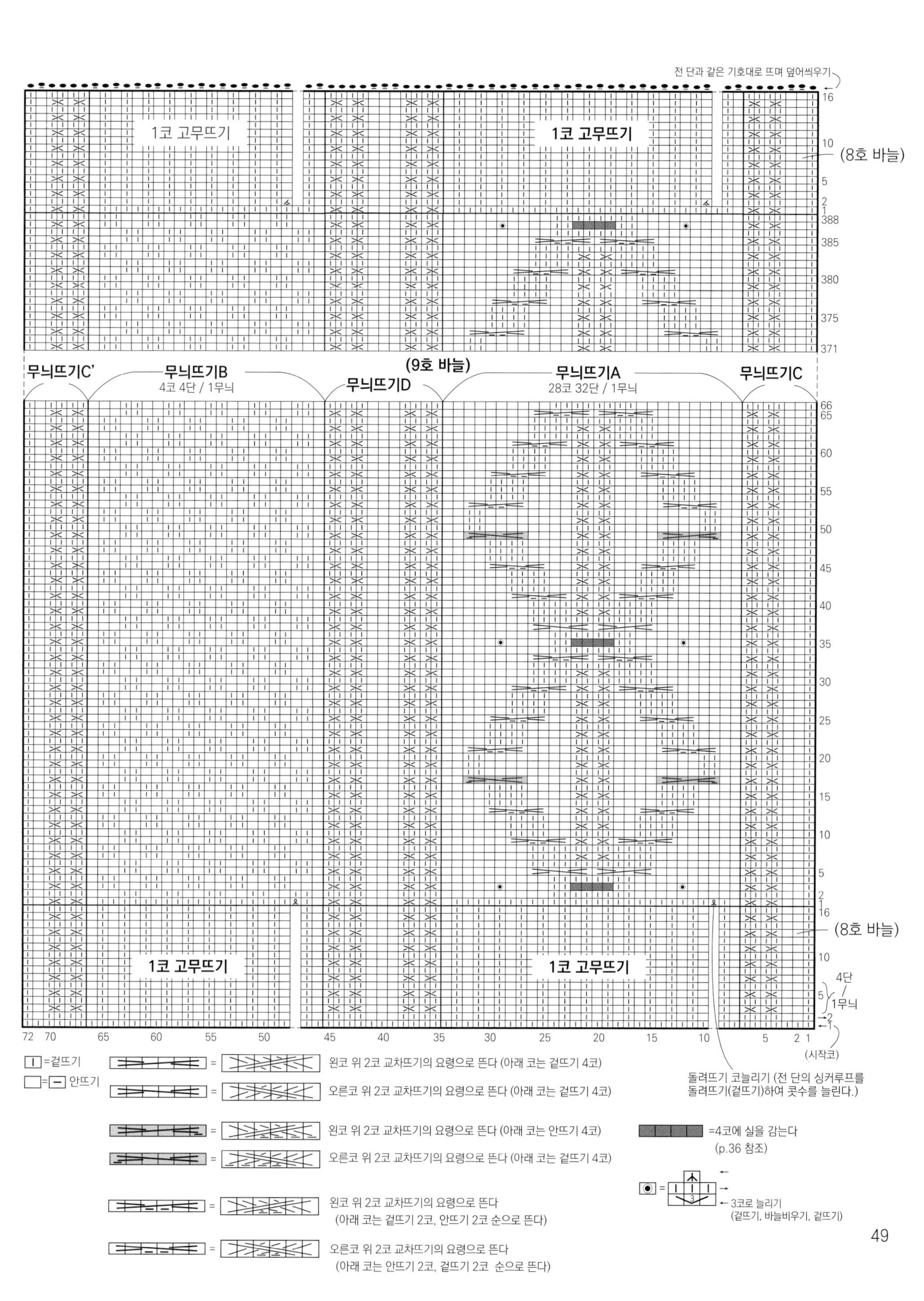
전 단과 같은 기호대로 뜨며 덮어씌우기
1코 고무뜨기
1코 고무뜨기
(8호 바늘)
무늬뜨기C'
무늬뜨기B
4코 4단 / 1무늬
(9호 바늘)
무늬뜨기D
무늬뜨기A
28코 32단 / 1무늬
무늬뜨기C
1코 고무뜨기
1코 고무뜨기
(8호 바늘)
4단 / 1무늬
(시작코)
돌려뜨기 코늘리기 (전 단의 싱커루프를 돌려뜨기(겉뜨기)하여 콧수를 늘린다.)
=겉뜨기
=안뜨기
왼코 위 2코 교차뜨기의 요령으로 뜬다 (아래 코는 겉뜨기 4코)
오른코 위 2코 교차뜨기의 요령으로 뜬다 (아래 코는 겉뜨기 4코)
왼코 위 2코 교차뜨기의 요령으로 뜬다 (아래 코는 안뜨기 4코)
오른코 위 2코 교차뜨기의 요령으로 뜬다 (아래 코는 겉뜨기 4코)
왼코 위 2코 교차뜨기의 요령으로 뜬다
(아래 코는 겉뜨기 2코, 안뜨기 2코 순으로 뜬다)
오른코 위 2코 교차뜨기의 요령으로 뜬다
(아래 코는 안뜨기 2코, 겉뜨기 2코 순으로 뜬다)
=4코에 실을 감는다
(p.36 참조)
3코로 늘리기
(겉뜨기, 바늘비우기, 겉뜨기)

p.8 트위드 무늬 베스트

재료 [다루마] 셰틀랜드울 오트밀(2) M사이즈 125g, L사이즈 150g, 에메랄드(13) M사이즈 70g, L사이즈 85g, 초콜릿(3) M사이즈 65g, L사이즈 75g

도구 7호(4.2㎜), 4호(3.3㎜) 80㎝ 줄바늘(줄바늘로 평면뜨기 (p.41 참조)), 4호 40㎝ 줄바늘

게이지 무늬뜨기 23.5코 42단 / 10㎝×10㎝

완성 치수 M사이즈 가슴둘레 97㎝, 길이 55㎝, 어깨너비 38.5㎝
L사이즈 가슴둘레 105㎝, 길이 61.5㎝, 어깨너비 42.5㎝

뜨는 법 ※[ ] 안은 L사이즈의 콧수, 단수.
실은 1가닥으로 지정된 배색, 호수의 바늘로 뜬다.

・앞·뒤 몸판 뜨기
4호 바늘로 손가락으로 걸어 만드는 시작코를 102코[114코] 잡는다. 계속해서 2코 고무뜨기로 20단[24단]까지 뜨고 쉼코로 둔다. 같은 조각을 2장 뜬다. 7호 바늘로 쉼코에서 원통으로 코를 주워 첫 번째 단에서 코늘림하여 앞뒤몸판을 총 228코[246코]로 늘린다. 원통형으로 무늬뜨기(p.37 참조)로 90단[102단] 뜬다. 소매아래선에는 보조실을 꿰어 쉼코로 두고 앞 몸판, 뒤 몸판으로 나눈다. 각각 무늬뜨기(p.37 참조)로 평면뜨기 하되 진동 둘레의 코줄임을 하며 102단 [114단] 뜬다. 목둘레는 덮어씌우기 코막음, 코줄임 해가며 뜬다. 어깨를 쉼코로 둔다.

・마무리
어깨선을 빼뜨기 잇기로 잇는다. 목둘레, 진동 둘레에서 4호 바늘로 코를 주워 원통으로 2코 고무뜨기를 8단 뜬다. 2코 고무뜨기 코막음(원통뜨기) 한다.

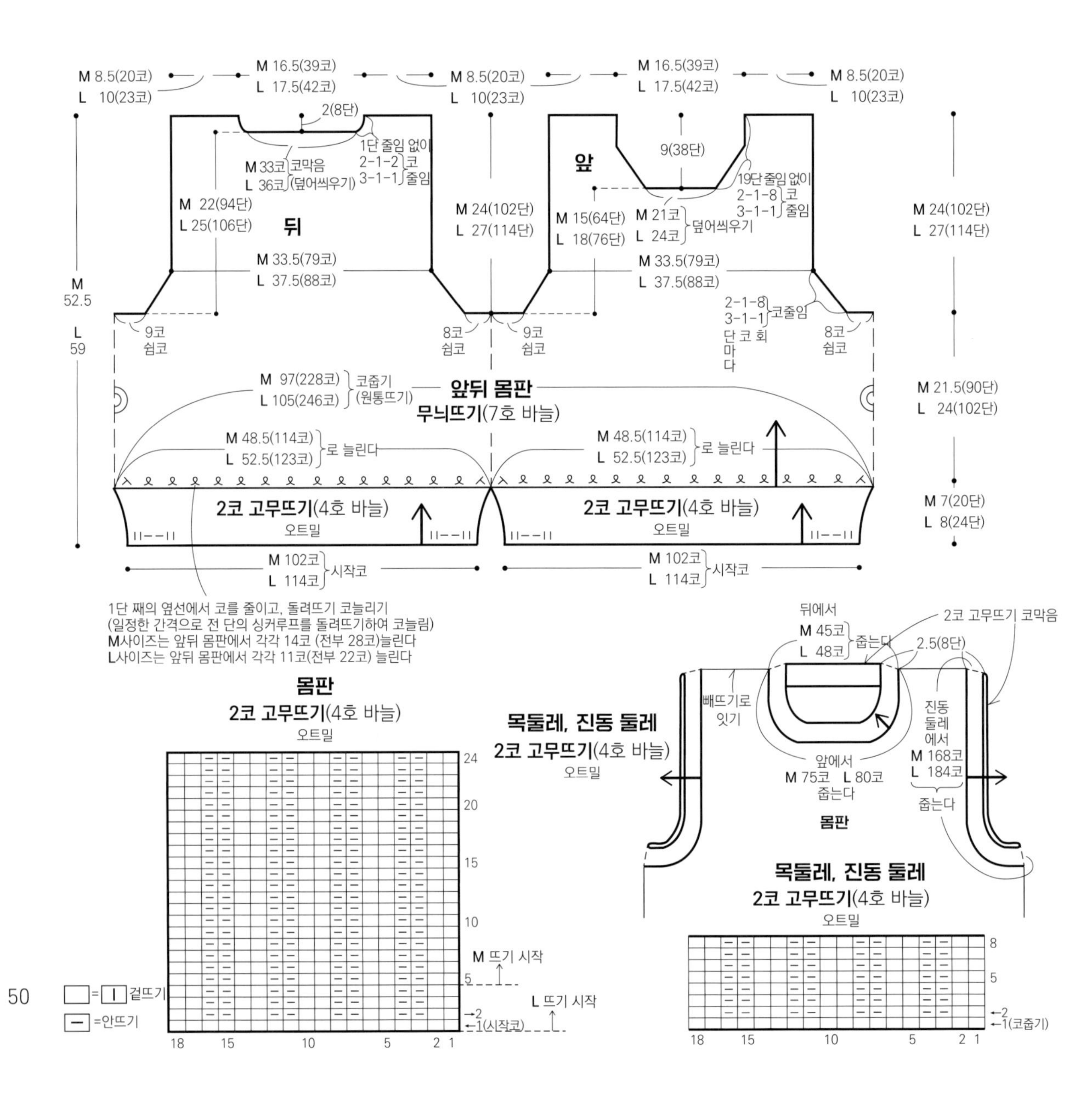

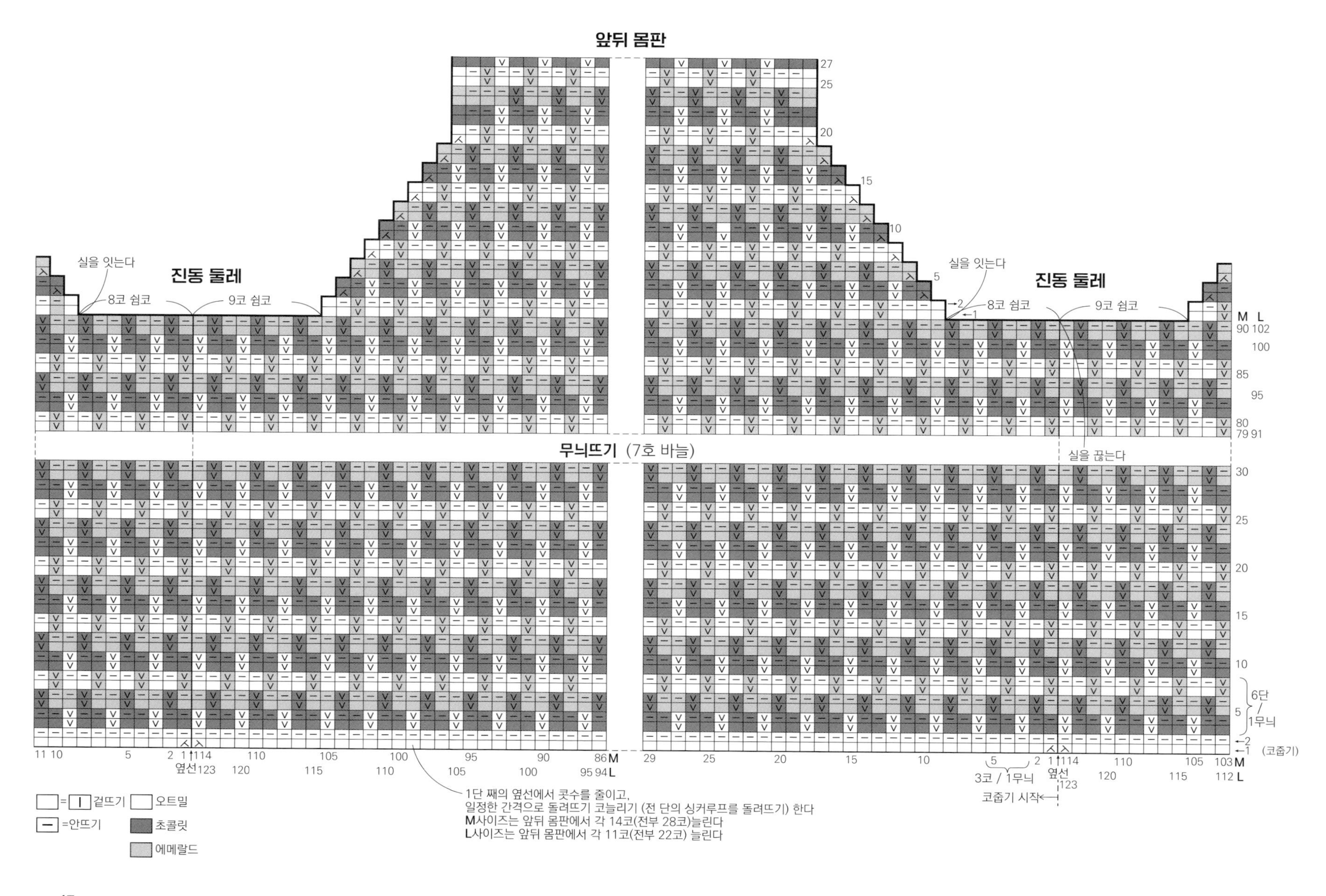
앞뒤 몸판
진동 둘레
실을 잇는다
8코 쉼코
9코 쉼코
진동 둘레
실을 잇는다
8코 쉼코
9코 쉼코
무늬뜨기 (7호 바늘)
실을 끊는다
6단 / 1무늬
(코줍기)
옆선
3코 / 1무늬
코줍기 시작
1단 째의 옆선에서 콧수를 줄이고,
일정한 간격으로 돌려뜨기 코늘리기 (전 단의 싱커루프를 돌려뜨기) 한다
M사이즈는 앞뒤 몸판에서 각 14코(전부 28코)늘린다
L사이즈는 앞뒤 몸판에서 각 11코(전부 22코) 늘린다
= 겉뜨기
= 안뜨기
오트밀
초콜릿
에메랄드

p.10

피스타치오 그린 양말

재료 [퍼피]브리티시 파인 화이트(01) 25g, 담황색(73) 10g
퍼피뉴2PLY 베이지(212) 20g
키드모헤어파인 연두색(51) 22g

도구 6호(3.9㎜), 4호(3.3㎜) 짧은 막대바늘 5개(매직루프(p.41 참조)로 뜰 때에는 6호, 4호 80㎝ 줄바늘)

게이지 메리야스뜨기 20코 26.5단 / 10㎝×10㎝

완성 치수 발 길이 21.5㎝, 높이 19㎝(발 사이즈 23.5㎝ 기준)

뜨는 법

실을 각각 1가닥씩 함께 잡아, 3가닥으로 지정된 바늘로 뜬다. 실의 조합은 아래 그림 도안 범례의 A색, B색을 참조한다.

・본체 뜨기

6호 바늘, A색 실로 별 사슬에서 줍는 시작코를 40코 잡아 원통으로 만든다. 계속해서 메리야스뜨기로 66단 뜬다. 뜨면서 발꿈치 부분에 보조실을 떠넣어둔다(p.38 참조). 발끝은 B색의 실로 양끝의 콧수를 줄여가며 메리야스뜨기로 12단 뜬다. 맞춤표시(★)끼리 메리야스잇기한다.

・발꿈치 뜨기

본체의 보조실을 풀어내어 6호 바늘, B색 실로 발꿈치의 코를 원통으로 42코 줍는다.(p.38 참조) 발꿈치의 양끝에서 코를 줄여가며 메리야스뜨기(원통뜨기)로 12단 뜬다. 맞춤표시(☆)끼리 메리야스잇기한다.

・발목 뜨기

본체의 보조실을 풀어내고, 4호 바늘, B색 실로 40코를 줍는다 계속해서 1코 고무뜨기(원통뜨기)로 6단 뜬다. 1코 고무뜨기 코막음(원통뜨기) 한다.

・같은 방법으로 한짝 더 뜬다.

포인트

손가락으로 걸어 만드는 시작코를 잡아 발목단의 1코 고무뜨기부터 시작해도 좋다.

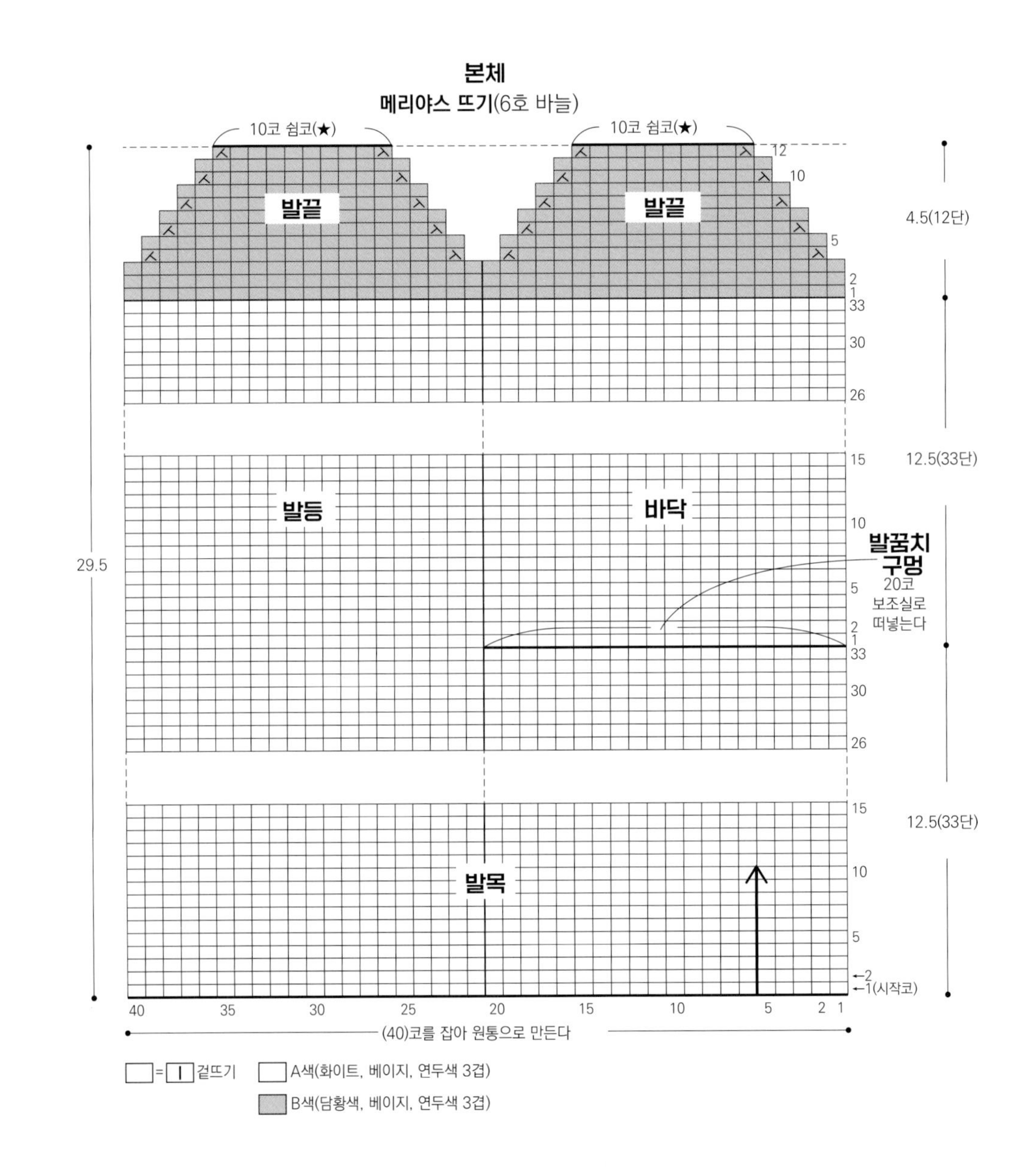

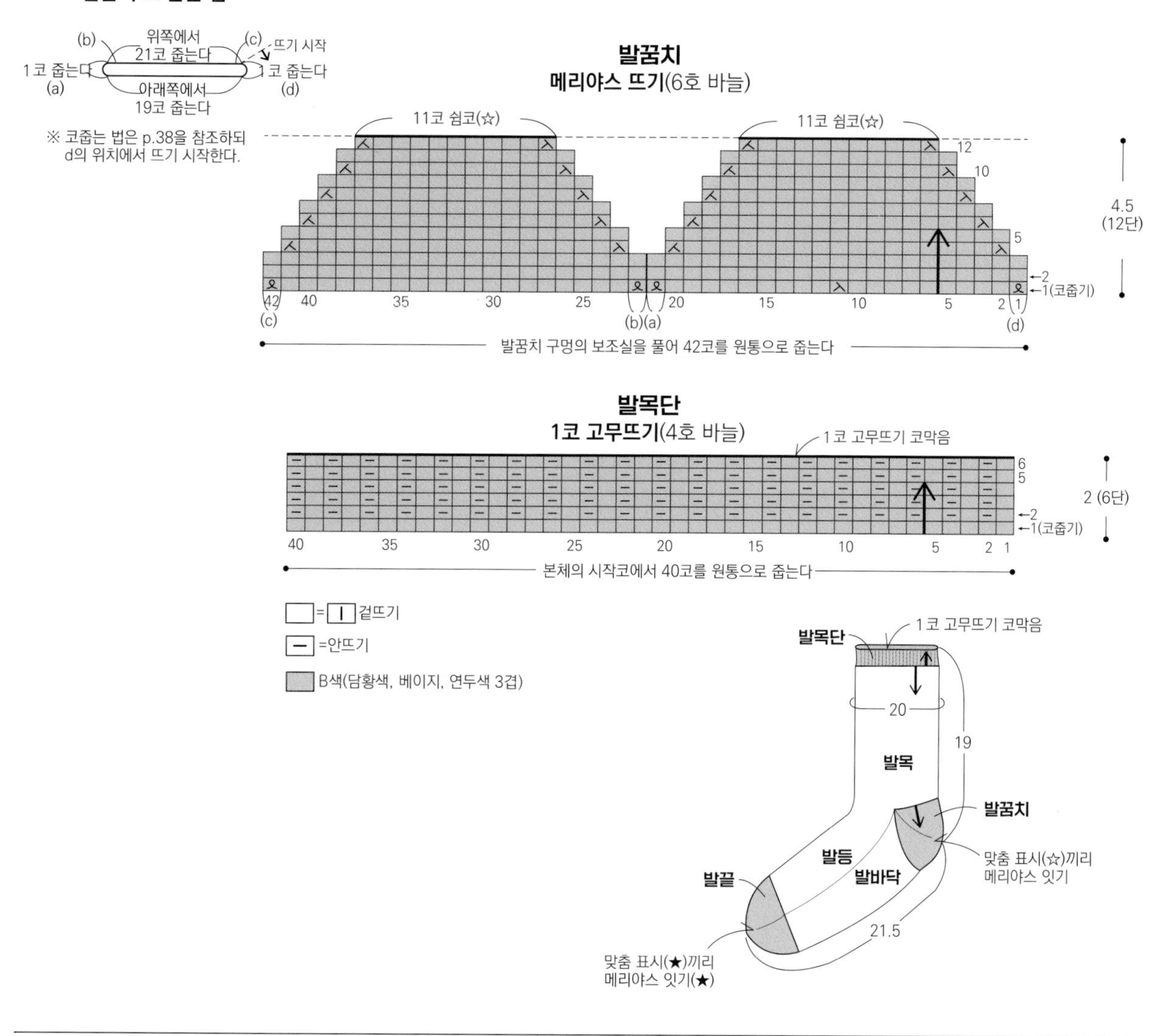

p.6 설원의 손모아 장갑

재료 [퍼피]브리티시 파인 그레이(24) 21g, 화이트(01) 18g

도구 3호(3㎜) 짧은 막대바늘 5개(매직루프(p.41 참조)로 뜰 때에는 3호 80㎝ 줄바늘)

게이지 배색무늬 32코 30단 / 10㎝×10㎝

완성 치수 손바닥둘레19㎝, 길이 24㎝

뜨는 법

1가닥의 실로 지정된 배색으로 뜬다.

• 오른쪽 본체 뜨기

그레이 실로 손가락으로 걸어 만드는 코(p.89 '손가락으로 걸어 만드는 코 - 엄지에 2가닥 걸어 코잡기' 참조) 로 52코를 잡아 원통으로 만든다. 계속해서 배색 2코 고무뜨기로 15단까지 뜬다. 첫 단에서 54코로 늘려서, 엄지두덩에서 62코로 코늘림하고 배색무늬를 45단 뜬다. 뜨는 도중에 엄지손가락 부분의 코에 보조실을 꿰어 쉼코로 둔다. 다음 단에서 감아코로 11코를 잡는다(p.36 참조). 손끝은 코를 줄여가며 14단 뜬다. 마지막 단의 6코에 실을 2바퀴 통과시켜 조인다.

• 엄지손가락 뜨기

본체의 쉼코와 감아코, 모서리에서 1코씩, 모두 24코를 주워 원통으로 뜬다(p.36 참조). 계속해서 배색무늬로 14단 뜬다. 코를 줄여가며 손끝을 4단 뜬다. 마지막 단의 8코에 실을 2바퀴 통과시켜 조인다.

• 왼쪽 뜨기

오른쪽과 같은 방법으로 뜬다. 손바닥 쪽은 엄지손가락의 위치가 좌우 대칭이 되므로 주의한다.

포인트

가는 실을 사용하므로 강도를 더하고 뜨개바탕의 두께와 밸런스를 잡기 위해 '손가락으로 걸어 만드는 코 - 엄지에 2가닥 걸어 코잡기' 으로 시작코를 잡는다.

엄지 구멍 만드는 법

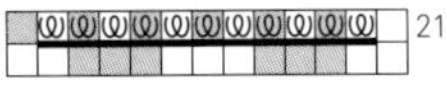
21

21단 째에서
화이트, 그레이 계열의 순으로
번갈아가며 감아코로 코를 만든다
(p.36 참조)

엄지손가락 코 줍는 법

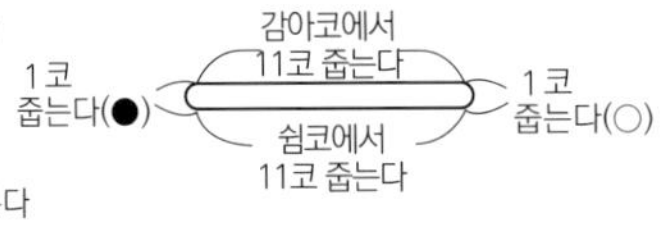
감아코에서
11코 줍는다
1코
줍는다(●)
1코
줍는다(○)
쉼코에서
11코 줍는다

□ = | 겉뜨기　— =안뜨기　▒ 그레이(바탕실)　□ 화이트(배색실)

━━ = 왼쪽의 엄지손가락 구멍 위치

━━ = 오른쪽의 엄지손가락 구멍 위치

엄지손가락 배색무늬

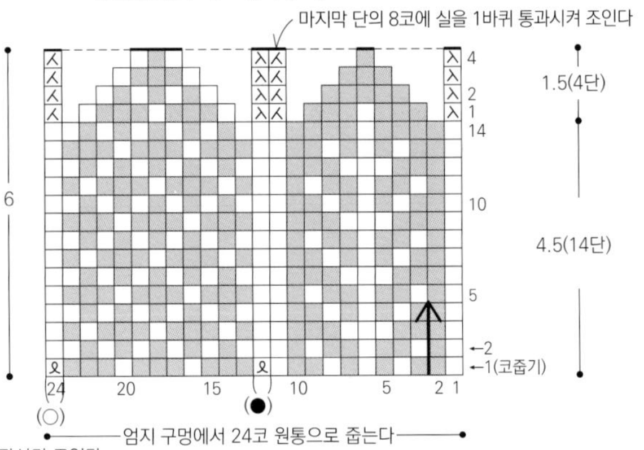
마지막 단의 8코에 실을 1바퀴 통과시켜 조인다
4
2
1
14
10
5
2
1(코줍기)
1.5(4단)
4.5(14단)
6
24
20
15
10
5
2 1
(○)
(●)
엄지 구멍에서 24코 원통으로 줍는다

본체 배색무늬

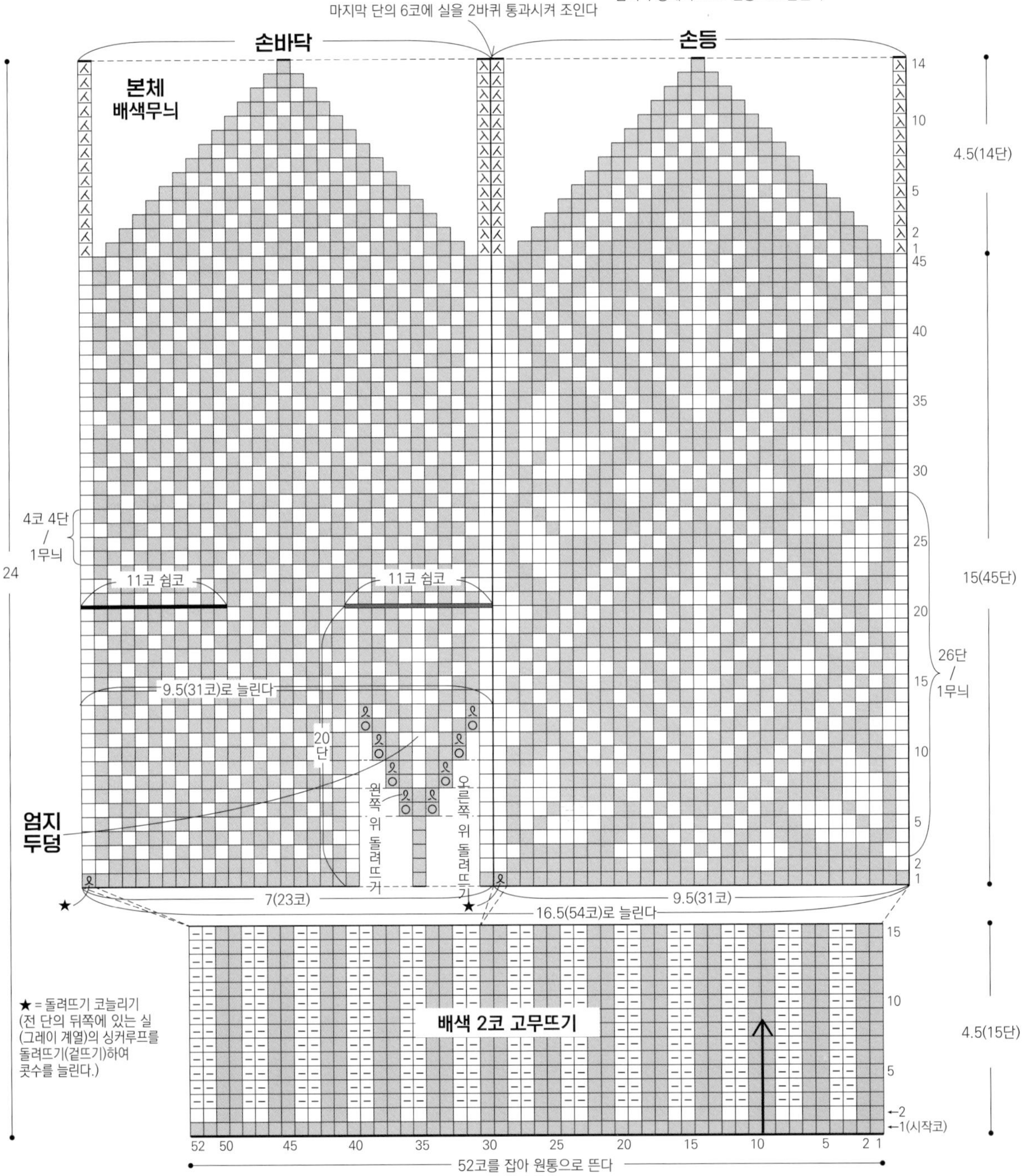
마지막 단의 6코에 실을 2바퀴 통과시켜 조인다
손바닥
손등
본체
배색무늬
14
10
5
2
1
45
40
35
30
25
20
15
10
5
2
1
4.5(14단)
15(45단)
24
4코 4단
/
1무늬
26단
/
1무늬
11코 쉼코
11코 쉼코
9.5(31코)로 늘린다
20
단
엄지
두덩
왼쪽 위 돌려뜨기
오른쪽 위 돌려뜨기
7(23코)
9.5(31코)
16.5(54코)로 늘린다
★
★
배색 2코 고무뜨기
15
10
5
2
1(시작코)
4.5(15단)
52
50
45
40
35
30
25
20
15
10
5
2 1
52코를 잡아 원통으로 뜬다

★=돌려뜨기 코늘리기
(전 단의 뒤쪽에 있는 실
(그레이 계열)의 싱커루프를
돌려뜨기(겉뜨기)하여
콧수를 늘린다.)

p.12 별무늬 스웨터

<u>재료</u> [다루마] 셰틀랜드울 네이비(5) 345g, 미색(1) 95g
<u>도구</u> 6호(3.9㎜), 5호(3.6㎜), 4호(3.3㎜) 80㎝ 줄바늘(매직루프 (p.41 참조)로 뜬다)
<u>게이지</u> 메리야스뜨기 24코 33단 / 10㎝×10㎝
배색무늬A, B 25.5코 26단 / 10㎝×10㎝
<u>완성 치수</u> 가슴둘레 105㎝, 길이 63㎝, 화장(뒷목 중심~소맷부리) 72㎝

<u>뜨는 법</u>
실은 1가닥으로 지정된 배색, 호수의 바늘로 뜬다.

・앞뒤 몸판 뜨기
5호 바늘로 별 사슬에서 줍는 시작코를 252코 잡아 원통으로 만든다. 계속해서 메리야스뜨기로 56단 뜬다. 6호 바늘로 바꾸어 첫 번대 단에서 콧수를 268코로 늘린다. 배색무늬A로 36단 뜬다. 단, 옆선의 1코(134번째 코, 268번째 코)는 무늬를 넣지 않고 네이비 실로 뜬다. 소매아래선에 보조실을 꿰어 쉼코로 두고 앞뒤 몸판에 각각 보조실을 꿰어 쉼코로 둔다

・소매 뜨기
5호 바늘로 별 사슬에서 줍는 시작코를 66코를 잡아 원통으로 만든다. 계속해서 코늘림해가며 메리야스뜨기로 66단까지 뜬다. 6호 바늘로 바꾸어 첫 단에서 88코로 늘린다. 소매 옆선의 코늘림을 하며 배색무늬B를 36단 뜬다. 단, 소매옆선의 첫 번째 코는 배색을 넣지 않고 네이비 실로 뜬다. 소매아래선과 소매통에 보조실을 통과시켜 쉼코로 둔다. 같은 방법으로 또 한장을 뜬다.

・요크, 목둘레 뜨기
6호 바늘로 앞뒤 몸판, 소매에서 코를 줍는다. 배색무늬A·B로 래글런선의 코줄임을 해가며 원통으로 29단 뜬다.계속해서 5호 바늘로 바꾸어 메리야스뜨기로 래글런선의 코줄임을 하며 24단 뜬다. 4호 바늘로 바꾸어 1코 고무뜨기로 10단 뜬다. 1코 고무뜨기 코막음(원통뜨기) 한다.

・아랫단, 소매단 뜨기
앞뒤 몸판의 사슬코를 풀어 4호 바늘로 252코를 줍는다. 1코 고무뜨기(원통뜨기)로 26단 뜬다. 1코 고무뜨기 코막음(원통뜨기)한다.소매의 사슬코를 풀어 4호 바늘로 66코 줍는다. 1코 고무뜨기(원통뜨기)로 23단 뜨는데, 2번째 단에서 52코로 줄여 뜬다. 1코 고무뜨기 코막음(원통뜨기) 한다.

・마무리
소매아래선을 네이비 실로 메리야스잇기 한다.

<u>포인트</u>
몸판의 앞뒤가 같은 모양이므로 어느쪽을 앞으로 입어도 된다.

・사이즈 조정
전체 길이, 화장(뒷목 중심~소맷부리 길이)은 몸판이나 소매의 메리야스뜨기 부분의 단수를 늘리거나 줄여서 조정한다.

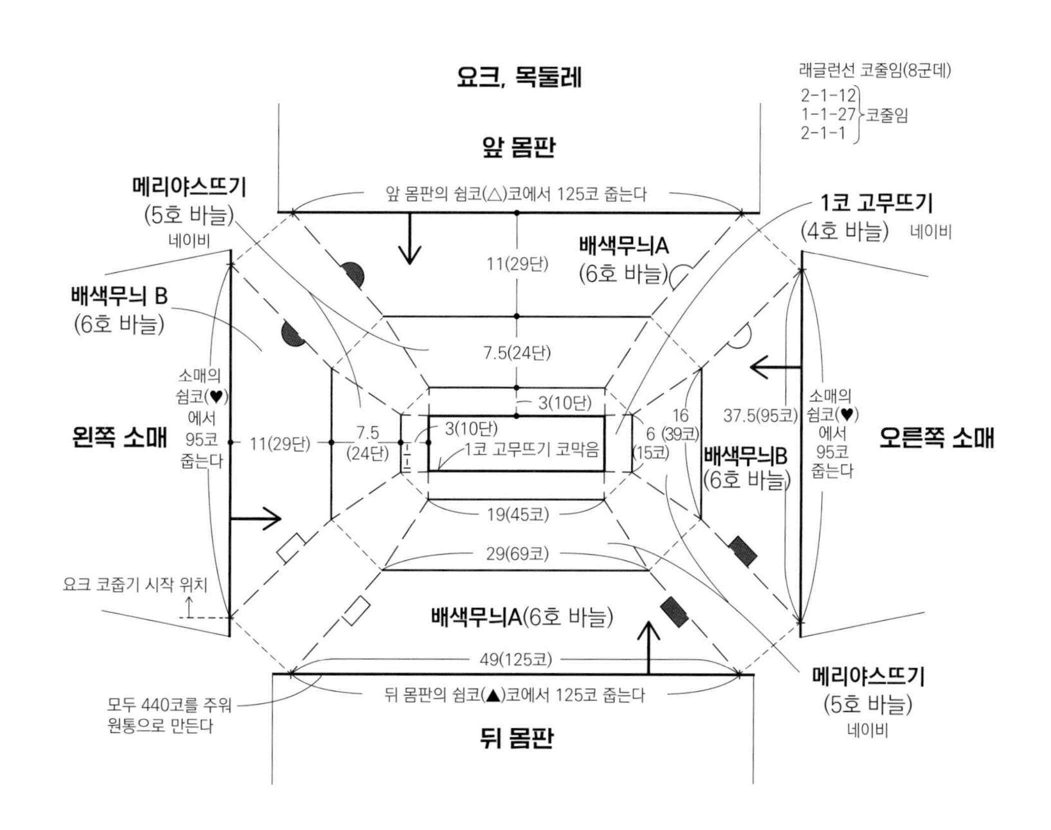

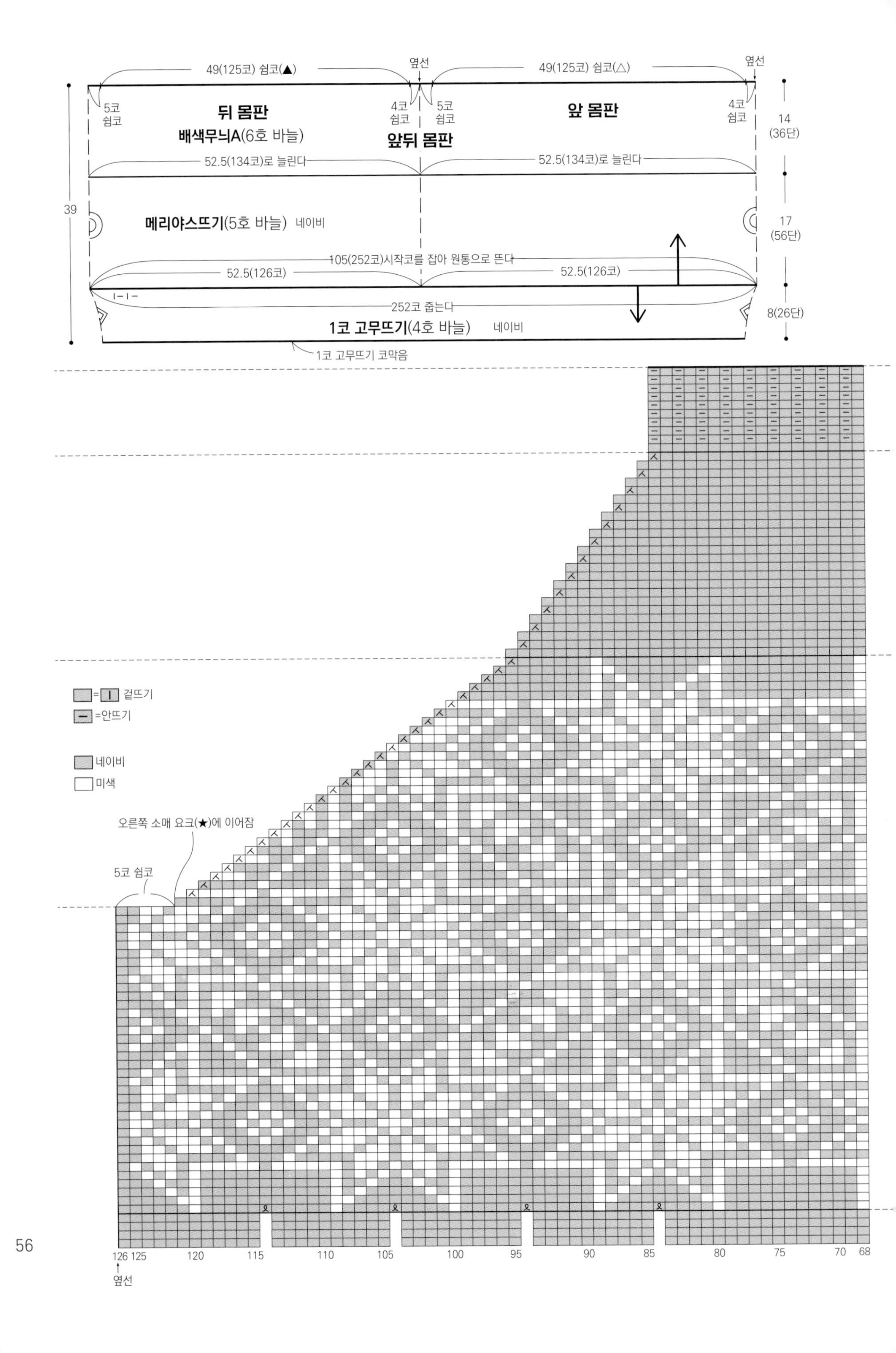

49(125코) 쉼코(▲)
옆선
49(125코) 쉼코(△)
옆선
5코 쉼코
뒤 몸판
배색무늬A(6호 바늘)
4코 쉼코
5코 쉼코
앞뒤 몸판
앞 몸판
4코 쉼코
14 (36단)
52.5(134코)로 늘린다
52.5(134코)로 늘린다
39
메리야스뜨기(5호 바늘) 네이비
17 (56단)
105(252코)시작코를 잡아 원통으로 뜬다
52.5(126코)
52.5(126코)
252코 줍는다
8(26단)
1코 고무뜨기(4호 바늘) 네이비
1코 고무뜨기 코막음
= 겉뜨기
=안뜨기
네이비
미색
오른쪽 소매 요크(★)에 이어잠
5코 쉼코
126 125 120 115 110 105 100 95 90 85 80 75 70 68
옆선

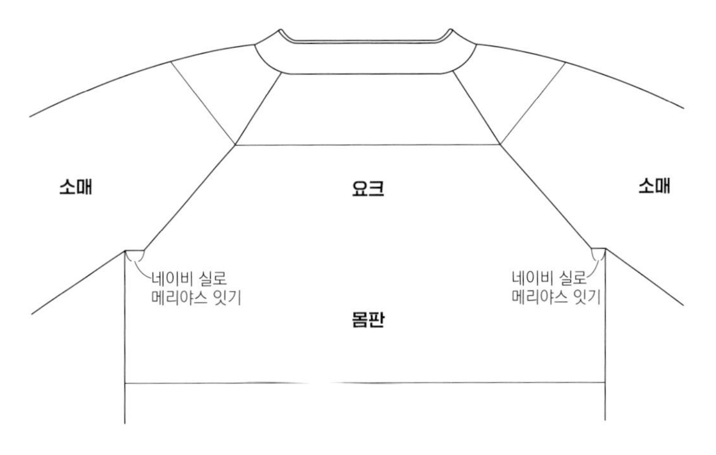
소매
요크
소매
네이비 실로
메리야스 잇기
네이비 실로
메리야스 잇기
몸판

앞뒤 몸판, 요크, 목둘레

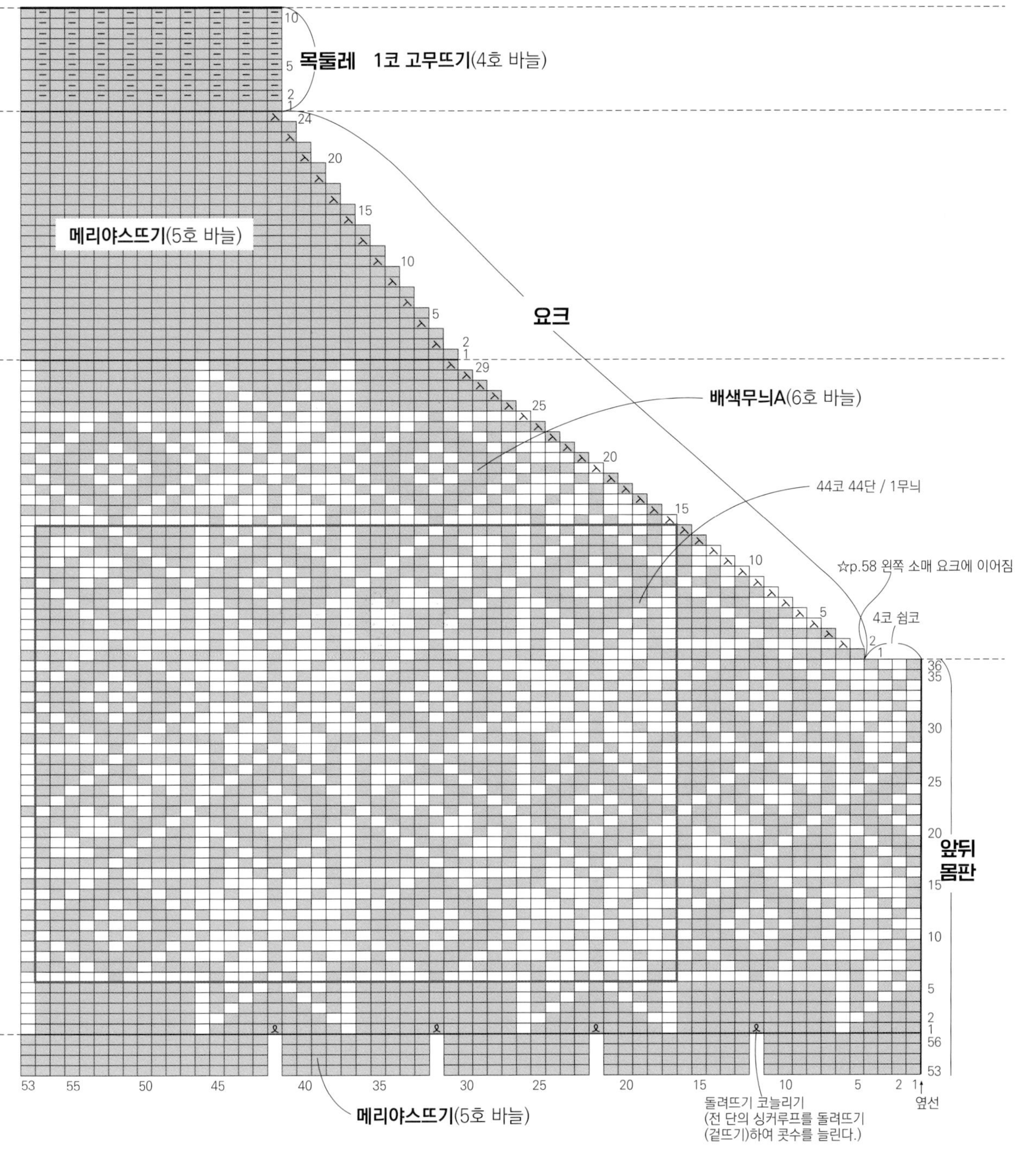
목둘레 1코 고무뜨기(4호 바늘)
메리야스뜨기(5호 바늘)
요크
배색무늬A(6호 바늘)
44코 44단 / 1무늬
☆p.58 왼쪽 소매 요크에 이어짐
4코 쉼코
앞뒤
몸판
옆선
메리야스뜨기(5호 바늘)
돌려뜨기 코늘리기
(전 단의 싱커루프를 돌려뜨기
(겉뜨기)하여 콧수를 늘린다.)

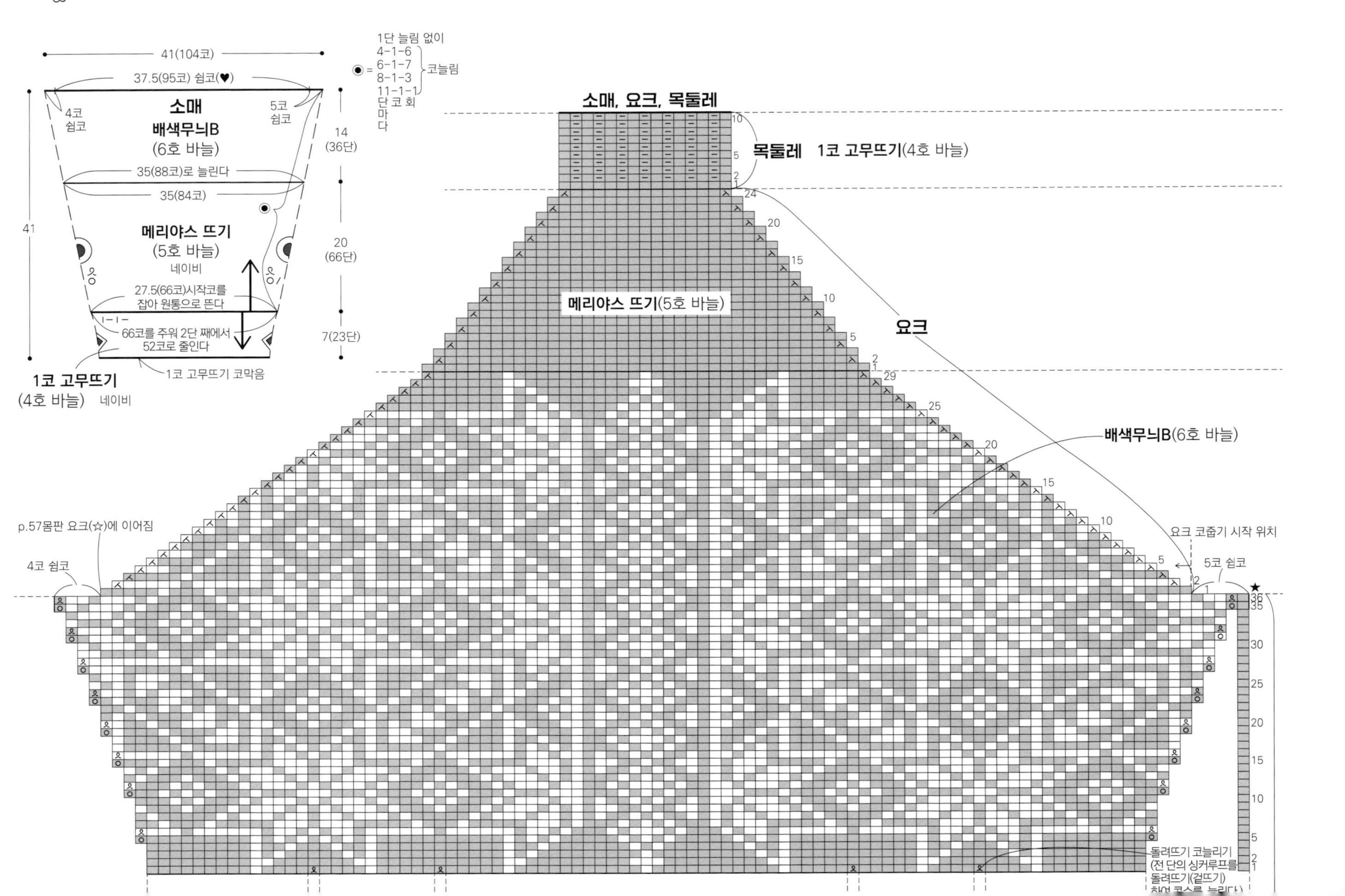
41(104코)
37.5(95코) 쉼코(♥)
4코 쉼코
5코 쉼코
소매
배색무늬B
(6호 바늘)
35(88코)로 늘린다
35(84코)
41
14 (36단)
20 (66단)
7(23단)
메리야스 뜨기
(5호 바늘)
네이비
27.5(66코)시작코를 잡아 원통으로 뜬다
66코를 주워 2단 째에서 52코로 줄인다
1코 고무뜨기 코막음
1코 고무뜨기
(4호 바늘) 네이비
1단 늘림 없이
4-1-6
6-1-7
8-1-3
11-1-1
단 코 회
마
다
코늘림
소매, 요크, 목둘레
목둘레 1코 고무뜨기(4호 바늘)
메리야스 뜨기(5호 바늘)
요크
배색무늬B(6호 바늘)
p.57몸판 요크(☆)에 이어짐
4코 쉼코
요크 코줍기 시작 위치
5코 쉼코
돌려뜨기 코늘리기
(전 단의 싱커루프를
돌려뜨기(겉뜨기)

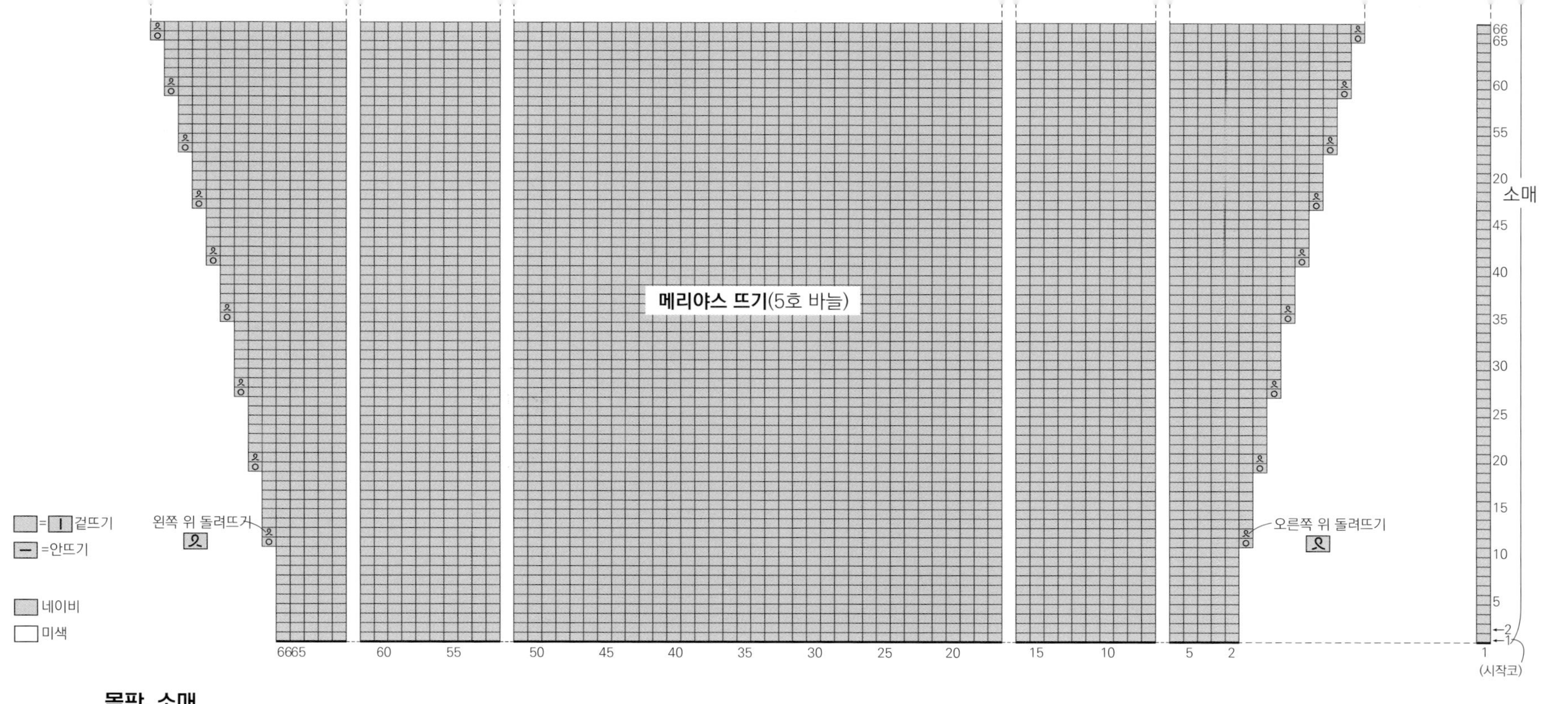

소매
(시작코)
메리야스 뜨기(5호 바늘)
왼쪽 위 돌려뜨기
오른쪽 위 돌려뜨기
= 겉뜨기
=안뜨기
네이비
미색

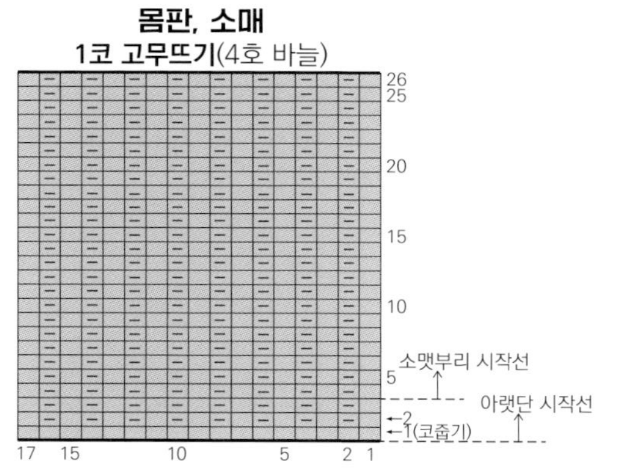

몸판, 소매
1코 고무뜨기(4호 바늘)
소맷부리 시작선
아랫단 시작선
1(코잡기)

p.11 초원의 스웨터

재료 [퍼피]브리티시 파인 녹색(80) M사이즈 210g, L사이즈 235g
퍼피뉴2PLY 오프화이트(202) M사이즈 105g, L사이즈 120g
키드모헤어파인 연두색(51) M사이즈 110g, L사이즈 125g

도구 7호(4.2㎜), 5호(3.6㎜) 80㎝ 줄바늘(줄바늘로 평면뜨기(p.41) 참조), 5호 40㎝ 줄바늘

게이지 메리야스뜨기 19.5코 27단 / 10㎝×10㎝

완성 치수 M사이즈 가슴둘레 103㎝, 길이 59㎝,
화장(뒷목 중심~소맷부리) 71.5㎝
L사이즈 가슴둘레111㎝, 길이65㎝, 화장 75㎝

뜨는 법 ※ [ ] 안은 L사이즈의 콧수, 단수.
각각의 실을 1가닥씩 함께 잡아 3겹의 실로 지정된 호수의 바늘로 뜬다

・앞·뒤 몸판 뜨기

5호 바늘로 손가락으로 걸어 만드는 시작코를 90코[98코] 잡는다. 계속해서 1코 고무뜨기로 24단까지 뜬다. 7호 바늘로 바꾸어 첫 단에서 100코 [108코]로 코늘림한다. 메리야스뜨기로 70단[80단] 뜬다. 소매아래선에 보조실을 꿰어 쉼코로 두고 메리야스뜨기로 진동 둘레의 코줄임을 하며 어깨는 8단을 경사뜨기하고 쉼코로 둔다. 40단[46단] 뜬다. 목둘레에는 보조실을 꿰어 쉼코로 두고 코를 줄여가며 뜬다. 어깨는 8단을 경사뜨기하고 쉼코로 둔다. 같은 조각을 2장 뜬다.

・소매 뜨기

5호 바늘로 손가락으로 걸어 만드는 시작코를 46코[50코] 잡는다. 계속해서 1코 고무뜨기를 20단 뜬다. 7호 바늘로 바꾸어 첫 단에서 52코[58코]로 늘린다. 메리야스뜨기로 소매옆선을 늘려가며 84단 뜬다. 소매아래선에 보조실을 꿰어 쉼코로 두고 코를 줄여가며 메리야스뜨기로 40 [46단] 뜨고 계속해서 코줄임 없이 32단 뜬다. 마지막에 덮어씌우기 마무리한다.

・마무리

어깨의 쉼코와 소매의 ★부분을 코와 단 잇기 한다. 목둘레에서 코를 주워 5호바늘로 1코 고무뜨기(원통뜨기)를 10단 뜨고 1코 고무뜨기 코막음(원통뜨기)한다. 옆선, 소매옆선, 진동 둘레를 떠서 꿰매기 하여 연결한다. 소매아래선은 메리야스잇기로 잇는다.

포인트

몸판의 모양이 앞뒤가 같아 어느쪽을 앞으로 입어도 좋다.

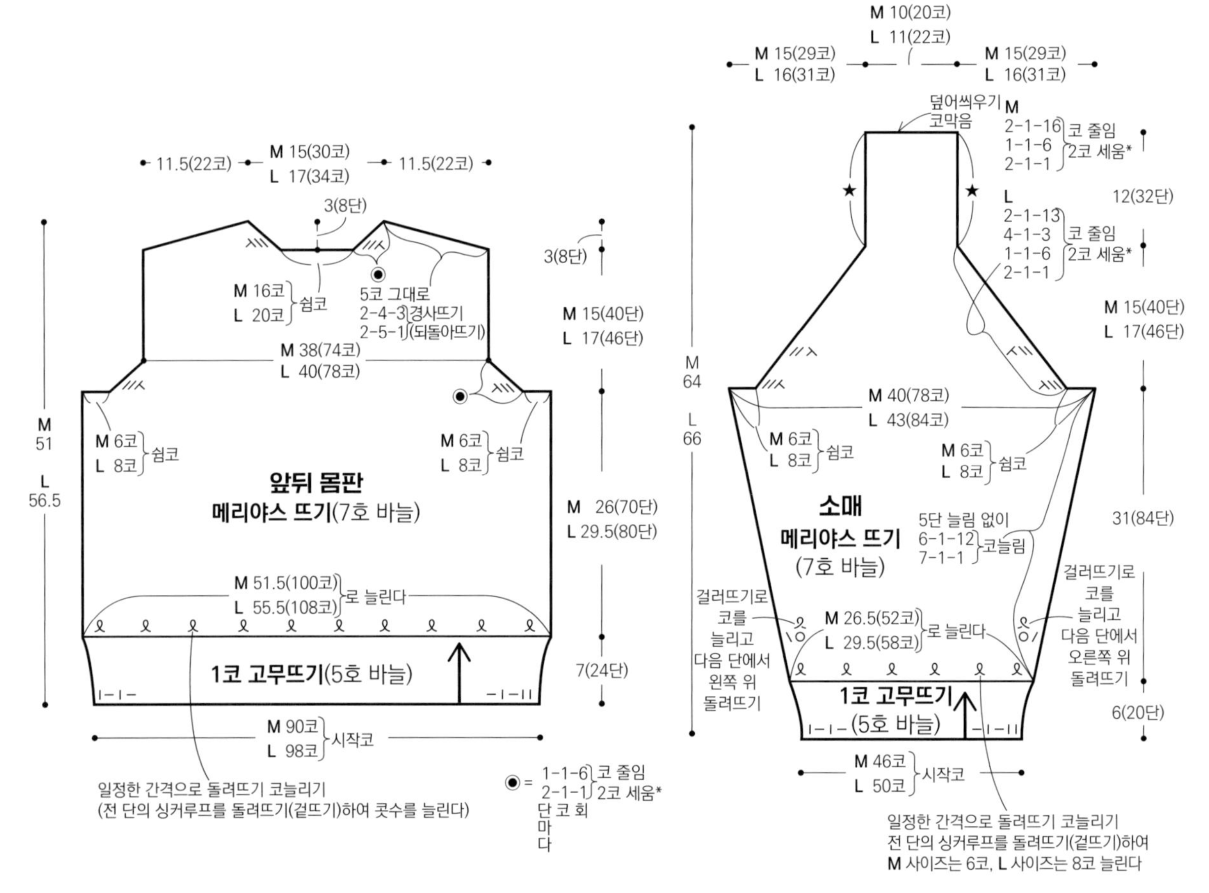

* 2코 세움: 맨 끝 2코는 도안대로 뜨고 끝에서 세 번째, 네 번째 코를 모아뜨기 한다

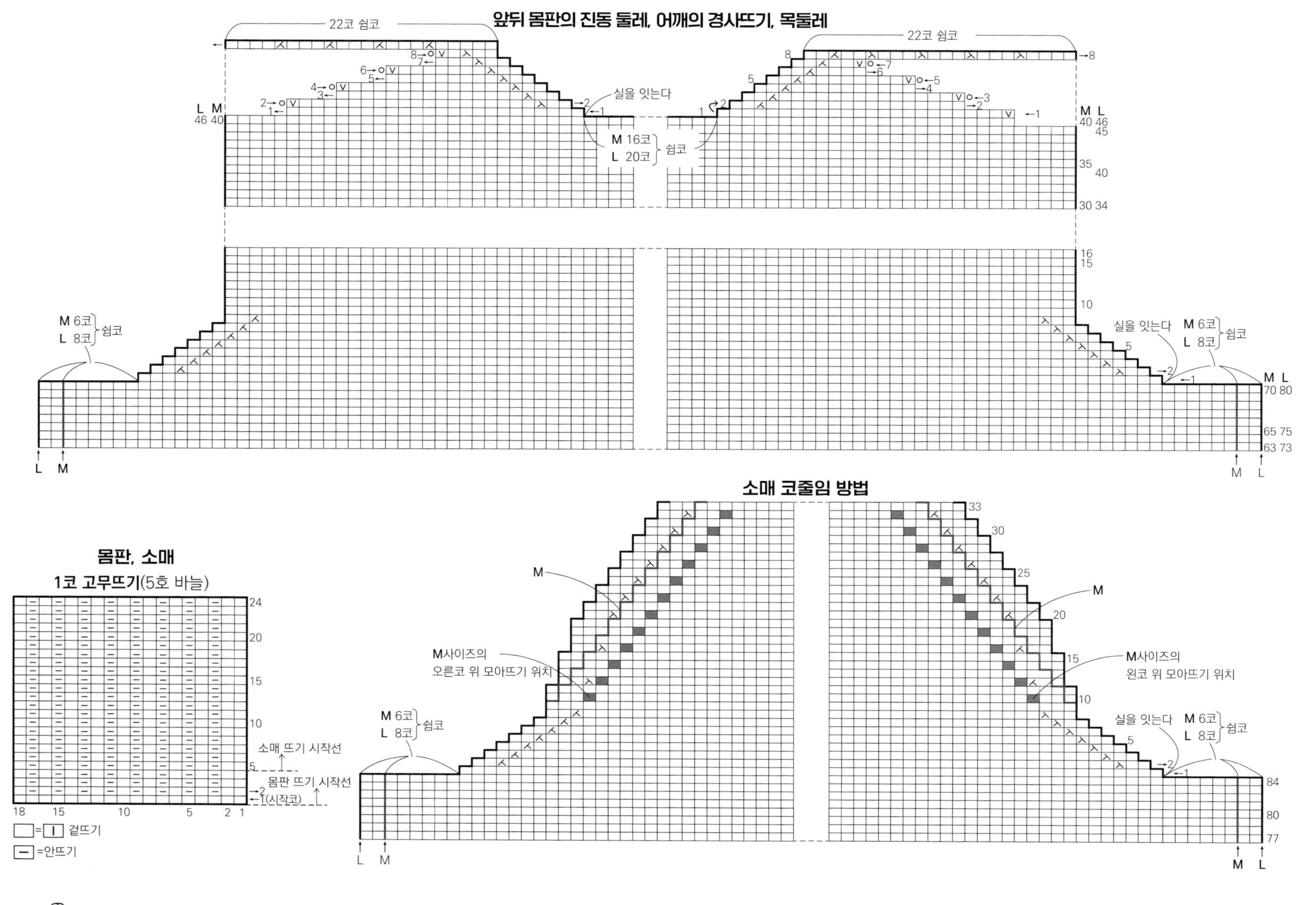
앞뒤 몸판의 진동 둘레, 어깨의 경사뜨기, 목둘레
22코 쉼코
실을 잇는다
M 16코
L 20코
쉼코
M 6코
L 8코
쉼코
소매 코줄임 방법
M사이즈의
오른코 위 모아뜨기 위치
M사이즈의
왼코 위 모아뜨기 위치
몸판, 소매
1코 고무뜨기(5호 바늘)
소매 뜨기 시작선
몸판 뜨기 시작선
1(시작코)
=겉뜨기
=안뜨기

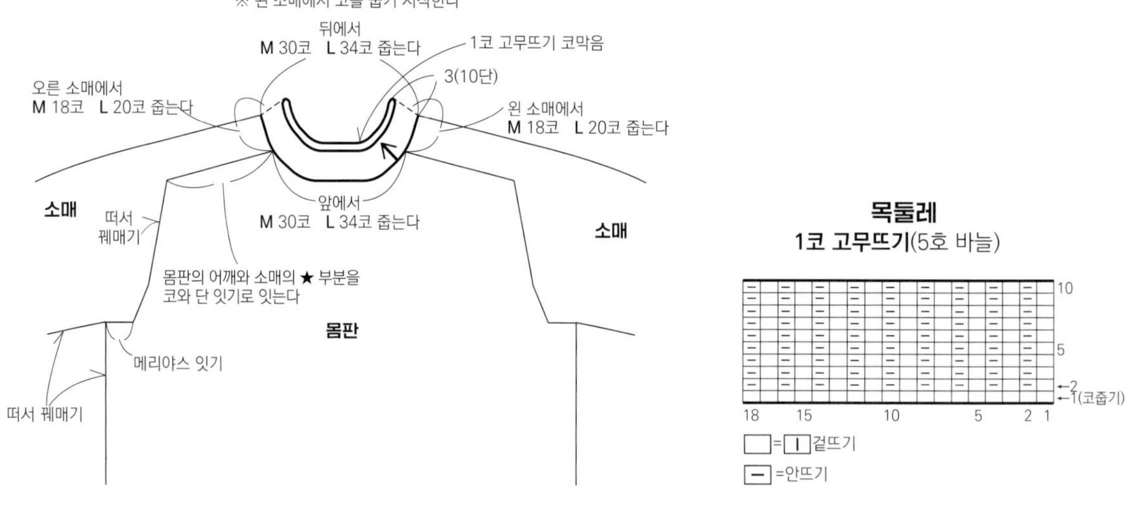

p.14 도트 레이스 숄

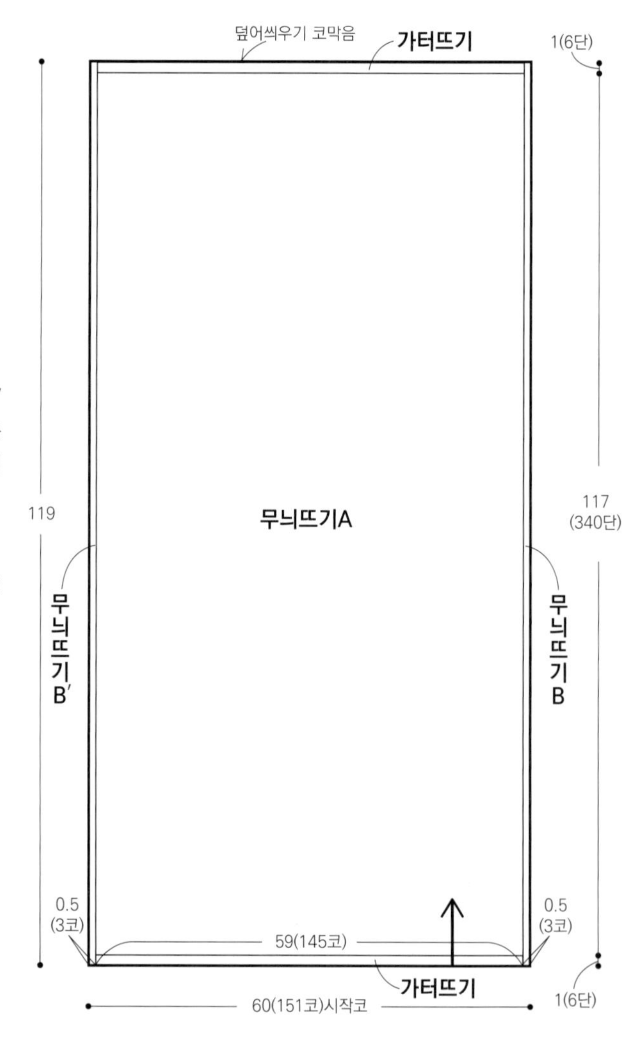

재료 [다루마] 랑부예울코튼 화이트(1) 270g
도구 5호(3.6㎜) 80㎝ 줄바늘(줄바늘로 평면뜨기(p.41 참조))
게이지 무늬뜨기A 24.5코 29단 / 10㎝×10㎝
무늬뜨기B, B′ 3코 29단/ 0.5㎝×10㎝
완성 치수 너비 60㎝, 길이 119㎝

뜨는 법
실 1가닥으로 뜬다.
손가락으로 걸어 만드는 시작코를 151코 잡는다. 계속해서 무늬뜨기B, B′와 가터뜨기로 6단, 무늬뜨기B, B′, 무늬뜨기A(p.64 참조)로 340단 뜬다. 마지막에 무늬뜨기B, B′와 가터뜨기로 6단 뜬다. 맨 마지막 단은 덮어씌워 코막음 한다.

포인트
뜨개바탕에 비침이 있으므로 새 실을 이어 뜰 때에는 뜨개바탕의 끝에서 바꾼다. 정리한 실 끝이 눈에 잘 띄지 않게 된다.

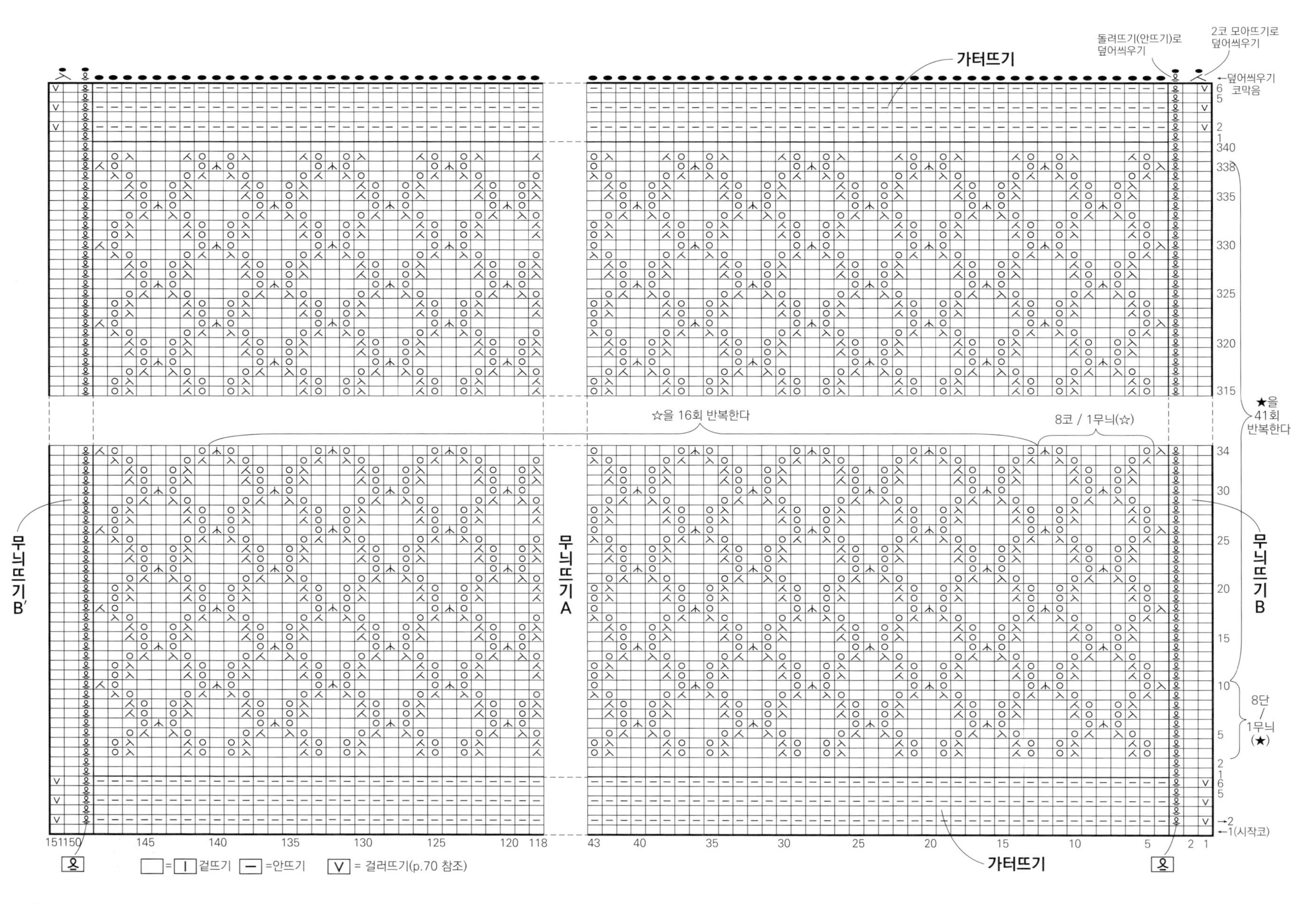
2코 모아뜨기로 덮어씌우기
돌려뜨기(안뜨기)로 덮어씌우기
가터뜨기
←덮어씌우기
코막음
★을 41회 반복한다
☆을 16회 반복한다
8코 / 1무늬(☆)
8단 / 1무늬(★)
무늬뜨기 B'
무늬뜨기 A
무늬뜨기 B
→2
←1(시작코)
가터뜨기
□=Ⅰ 겉뜨기 ━=안뜨기 V = 걸러뜨기(p.70 참조)

무늬뜨기A 뜨는 법(p.14 도트 레이스 숄)

【 뜨개바탕의 안면에서 뜨는 법／→○入 걸어뜨기, 오른코 위 2코 모아뜨기 】

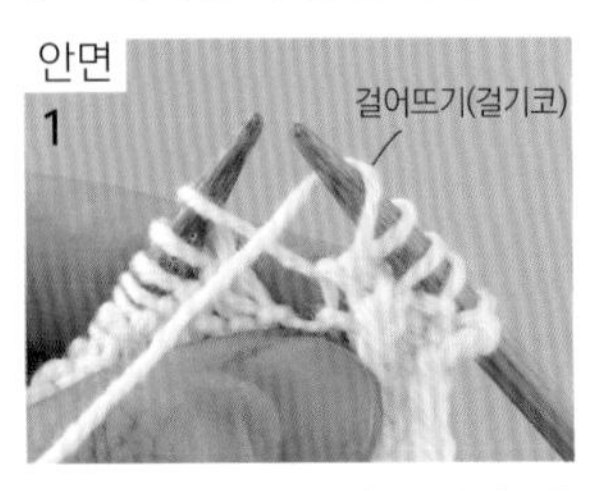

오른코 위 2코 모아뜨기할 코의 전 코를 걸어뜨기 한다. 실을 앞으로 놓는다.

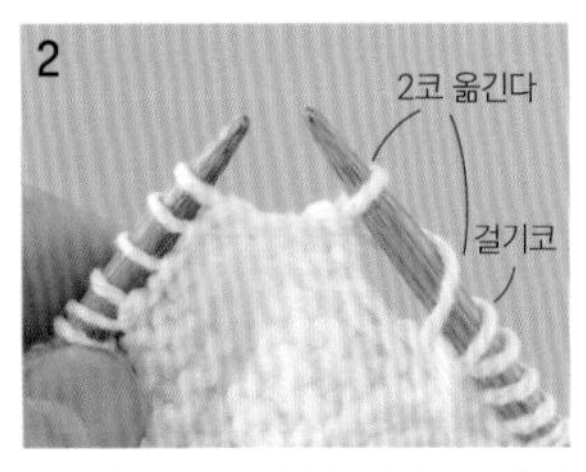

왼쪽 바늘의 2코를 오른쪽 바늘로 옮긴다.

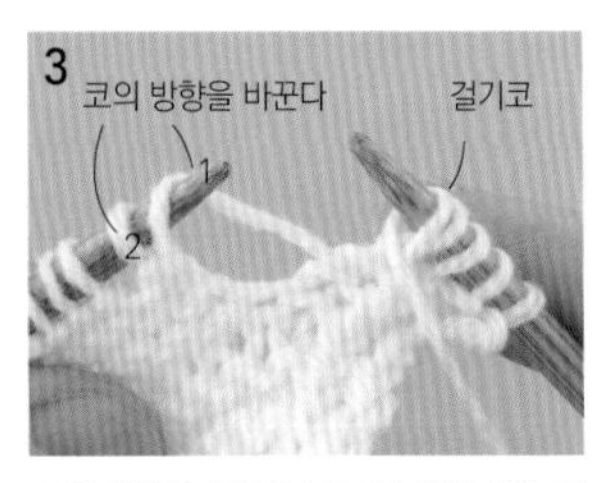

코의 방향을 바꾸어 2코를 왼쪽 바늘로 되돌린다.

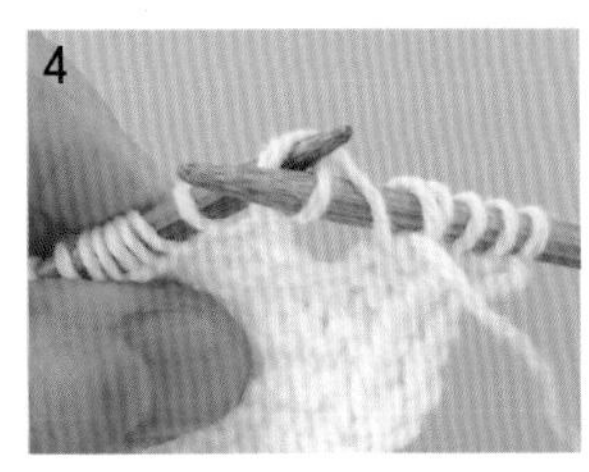

되돌린 2코에 2-1의 순서대로 오른 바늘을 뒤쪽에서 넣는다.

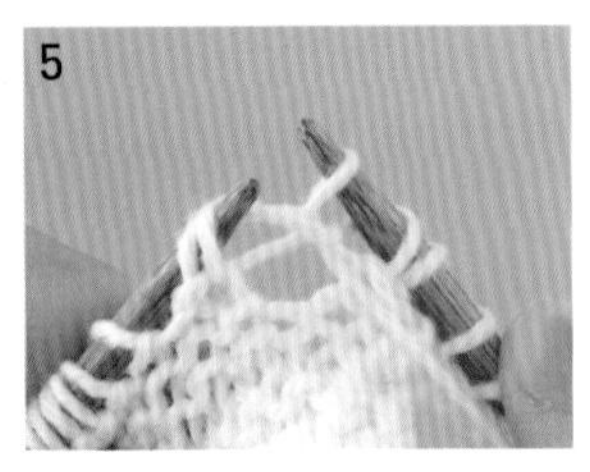

실을 걸어 빼내어 안뜨기 한다.

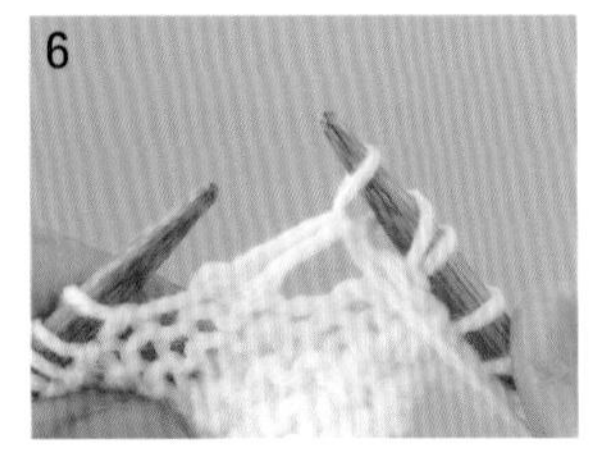

왼쪽 바늘의 2코를 뺀다. 안면에서 뜨는 오른코 위 2코 모아뜨기 완성.

【 뜨개바탕의 안면에서 뜨는 법／→入 왼코 위 2코 모아뜨기 】

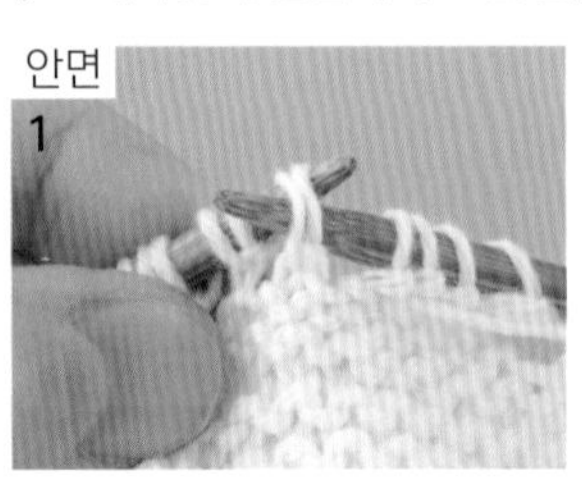

2코에 오른쪽 바늘을 뒤쪽에서 넣는다.

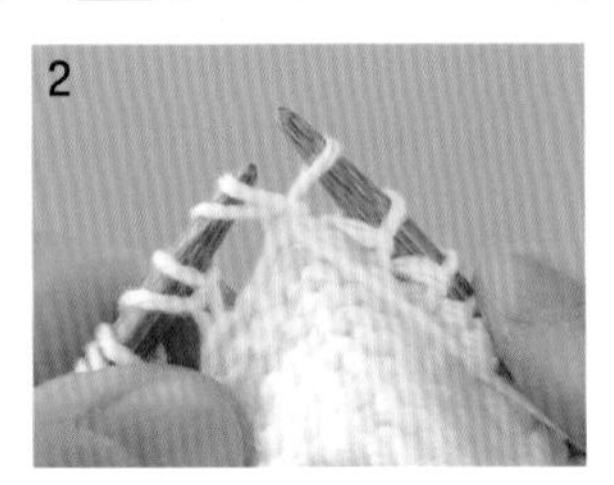

실을 걸어 빼내어 안뜨기 한다.

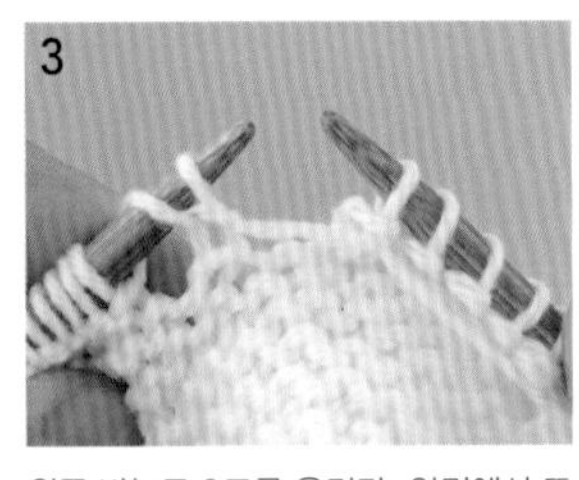

왼쪽 바늘로 2코를 옮긴다. 안면에서 뜨는 왼코 위 2코 모아뜨기 완성.

【 뜨개바탕의 안면에서 뜨는 법／→○木○ 걸어뜨기, 중심3코 모아뜨기, 걸어뜨기 】

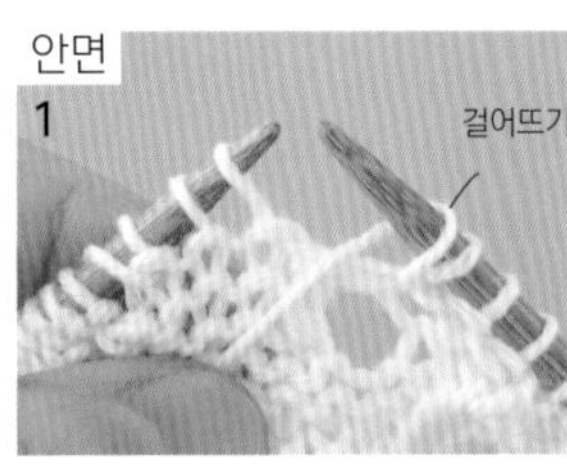

중심 3코 모아뜨기할 코 전의 코를 걸어뜨기 한다. 실을 앞쪽으로 놓는다.

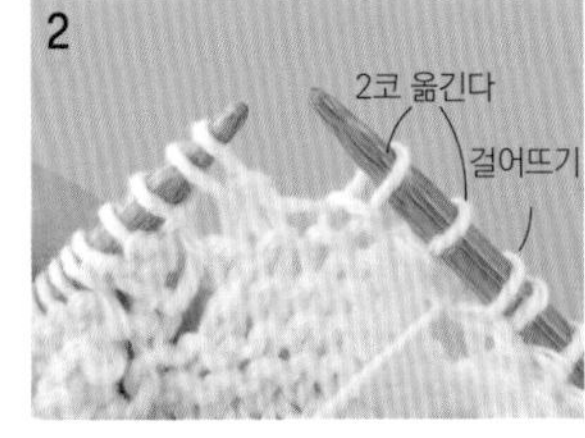

왼쪽 바늘의 2코를 오른쪽 바늘로 옮긴다.

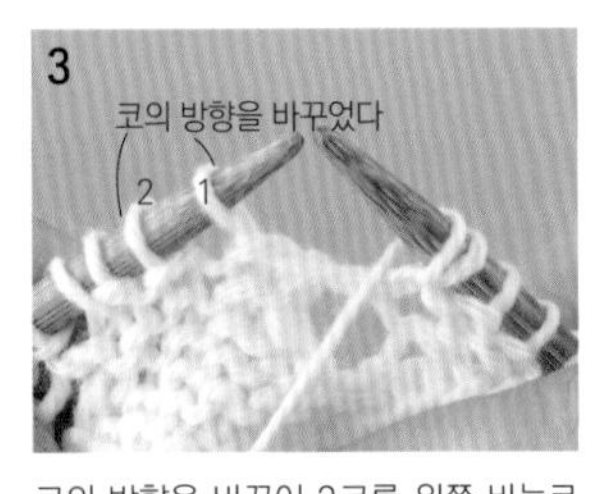

코의 방향을 바꾸어 2코를 왼쪽 바늘로 되돌린다.

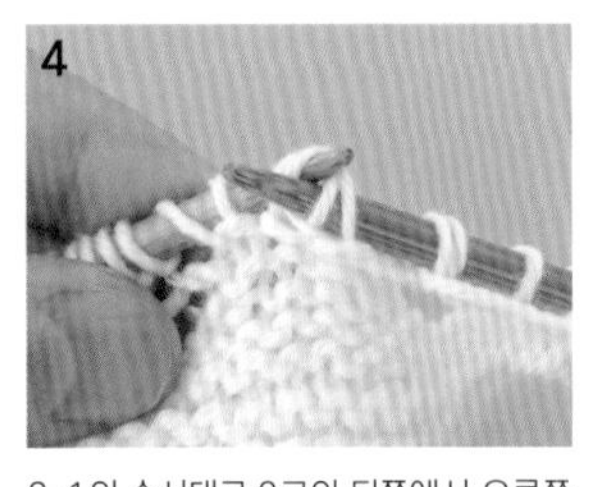

2-1의 순서대로 2코의 뒤쪽에서 오른쪽 바늘을 넣어 오른쪽 바늘로 다시 옮긴다.

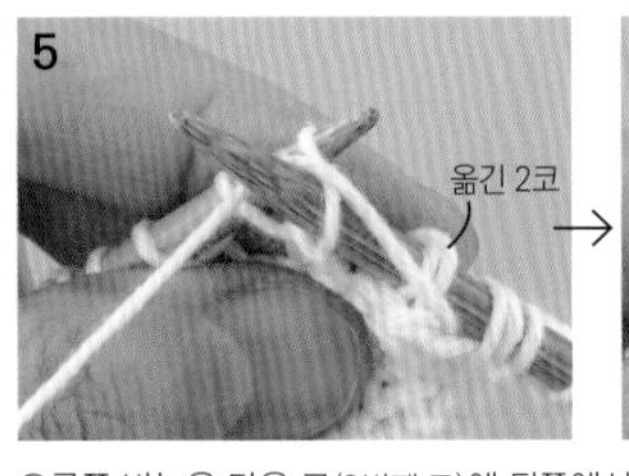

오른쪽 바늘을 다음 코(3번째 코)에 뒤쪽에서 넣고 안뜨기 한다.

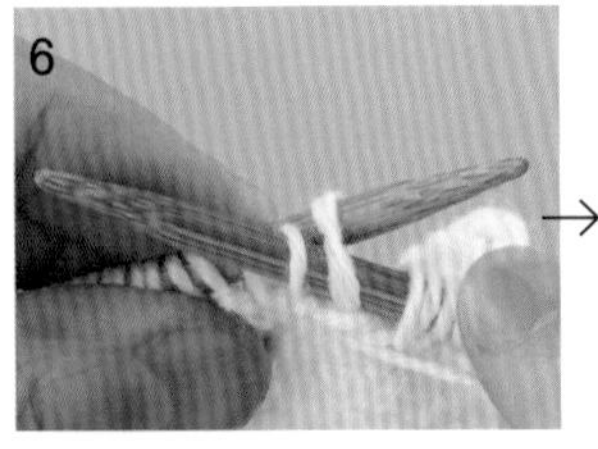

왼쪽 바늘을 2코에 넣고, 이 2코를 3번째 코에 덮어씌운다.

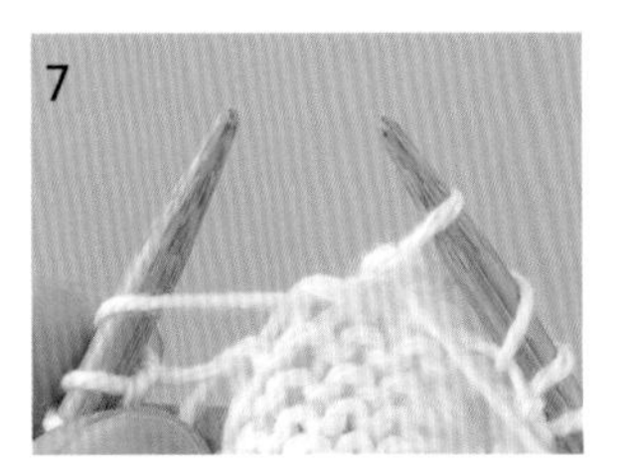

왼쪽 바늘의 2코를 빼내어 안면에서 뜨는 중심 3코 모아뜨기를 완성한다.
1을 참조하여 다음 걸어뜨기를 한다.

p.26 Color composition 캐시미어 장갑

※ 그림 도안은 p.69에 있습니다.

재료 [아브리루(AVRIL)] 캐시미어 스칼렛(3601) 9g, 아이스그레이(8107) 3g, 라이트그레이(8302) 3g, 오페라핑크(3311) 2g
도구 5호(3.6㎜) 짧은 막대바늘 5개, 5/0호 코바늘
게이지 가터뜨기 28코 42단 / 10㎝×10㎝ (축융 전)
완성 치수 손바닥둘레19㎝, 길이14.5㎝ (축융 전)
손바닥둘레17㎝, 길이14㎝ (축융 후)

뜨는 법
• 본체 뜨기
실은 2가닥으로 지정된 배색으로 뜬다.
손가락으로 걸어 만드는 시작코를 잡아 가터뜨기로 79단 뜬다. 짝수단의 양끝은 걸러뜨기 한다(p.70 참조). 엄지손가락 부분에는 보조실로 떠넣는다(p.38 참조). 맨 마지막의 코는 쉼코로 두고 끝의 실을 남겨 둔다. 남겨둔 실로 첫 코와 끝 코는 메리야스잇기로 잇고 그 외에는 가터잇기의 요령으로 원통으로 잇는다. (시작코가 있는 첫 단쪽(아래 가터잇기 그림의 아래 단)은 첫 단에 돗바늘을 넣어 잇는다)
• 손목단 뜨기
손목 쪽의 끝의 걸러코의 반코에서 40코를 주워(p.70 참조), 2코 고무뜨기(원통뜨기) 한다. 마무리는 덮어씌워 코막음으로 한다. 손끝 쪽은 코바늘로 걸러코의 반코를 안면 쪽에서 40코 주워가며 빼뜨기 한다(p.70 참조).
• 엄지손가락 뜨기
본체의 엄지 구멍의 보소실을 풀면서 17코를 줍는다. 메리야스뜨기로 원통형으로 뜬다(p.38, 39 참조). 마지막에는 덮어씌우기 코막음 한다.
• 마무리
뜨개바탕을 축융시키고(p.39 참조), 모양을 정리하여 응달에서 말린다.

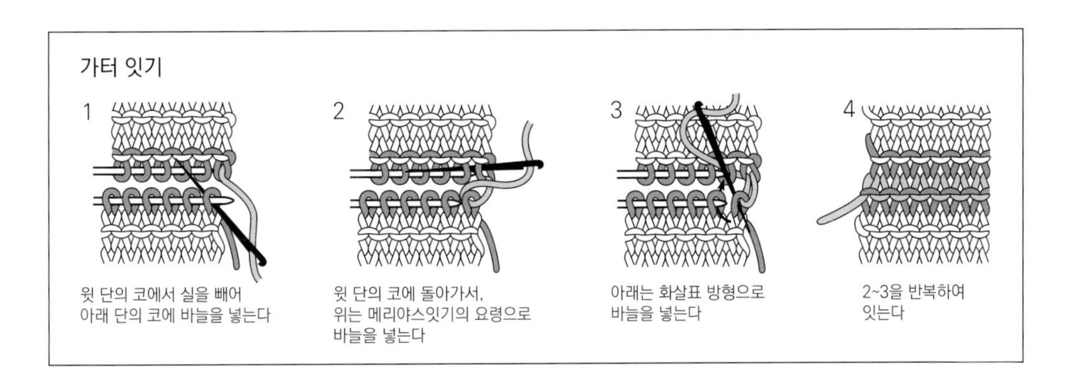

p.18 나기 카디건

재료 [다루마] 체비엇 울 코르크(7) 630g
도구 8호(4.5㎜), 6호(3.9㎜) 막대바늘 2개(줄바늘로 평면뜨기(p.41 참조)할 때에는 8호, 6호 80㎝ 줄바늘)
부자재 직경 2.6㎝ 단추 6개
게이지 무늬뜨기 17.5코 26단 / 10㎝×10㎝
완성 치수 가슴둘레 111㎝, 길이 65.5㎝,
화장(뒷목 중심~소맷부리) 74.5㎝

뜨는 법
실은 1가닥으로, 지정 호수의 바늘로 뜬다.
• 뒤 몸판 뜨기
6호 바늘로 손가락으로 걸어 만드는 시작코를 91코 잡는다. 계속해서 1코 고무뜨기를 28단까지 뜬다. 8호 바늘로 바꾸어 첫 단에서 98코로 늘린다. 무늬뜨기로 84단 뜬다. 소매아래선에 보조실을 꿰어 쉼코로 두고 계속해서 무늬뜨기로 래글런선에서 코줄임 하며 52단 뜬다. 덮어씌워 코막음 한다.
• 앞 몸판 뜨기
오른쪽 앞 몸판은 6호 바늘로 손가락으로 걸어 만드는 시작코를 42코 잡는다. 계속해서 1코 고무뜨기를 28단까지 뜬다. 8호 바늘로 바꾸어 첫 단에서 46코로 늘린다. 무늬뜨기로 84단 뜬다. 소매아래선에 보조실을 꿰어 쉼코로 두고 계속해서 무늬뜨기로 래글런선에서 코줄임해가며 52단을 뜬다. 목둘레를 덮어씌우기 코막음 하고 코줄임해가며 뜨고 남은 코를 쉼코로 둔다. 왼쪽 앞 몸판을 대칭으로 뜬다
• 소매 뜨기
6호 바늘로 손가락으로 걸어 만드는 시작코를 44코 잡는다. 계속해서 1코 고무뜨기를 20단까지 뜬다. 8호 바늘로 바꾸어 첫 단에서 50코로 늘린다. 무늬뜨기로 소매 옆선의 코늘림을 하며 100단 뜬다. 소매아래선에 보조실을 꿰어 쉼코로 두고 계속해서 무늬뜨기로 래글런선의 코줄임을 하며 52코 뜨고 덮어씌우기 코막음 한다.
• 마무리
래글런선, 옆선, 소매옆선을 떠서 꿰매기 한다. 소매아래선은 메리야스잇기한다. 목둘레에서 코를 주워 6호 바늘로 1코 고무뜨기로 8단 뜬다. 1코 고무뜨기(평면뜨기) 한다. 좌우 앞끝에서 코를 주워 6호 바늘로 1코 고무뜨기를 8단 뜬다. 왼쪽 앞여밈단에는 단춧구멍을 만들며 뜬다. (p.40, 41 참조) 1코 고무뜨기 코막음(평면뜨기) 한다. 오른쪽 앞여밈단에 단추를 단다.

포인트
직경 1.8~2㎝ 정도의 단추를 쓸 때에는 단춧구멍을 '2코 모아뜨기, 걸어뜨기 1코' 로 만든다. 이 옷은 큰 단추(직경 2.6㎝)를 사용하므로 '2코 모아뜨기, 걸어뜨기 2코, 2코 모아뜨기'로 큰 단춧구멍을 만든다.

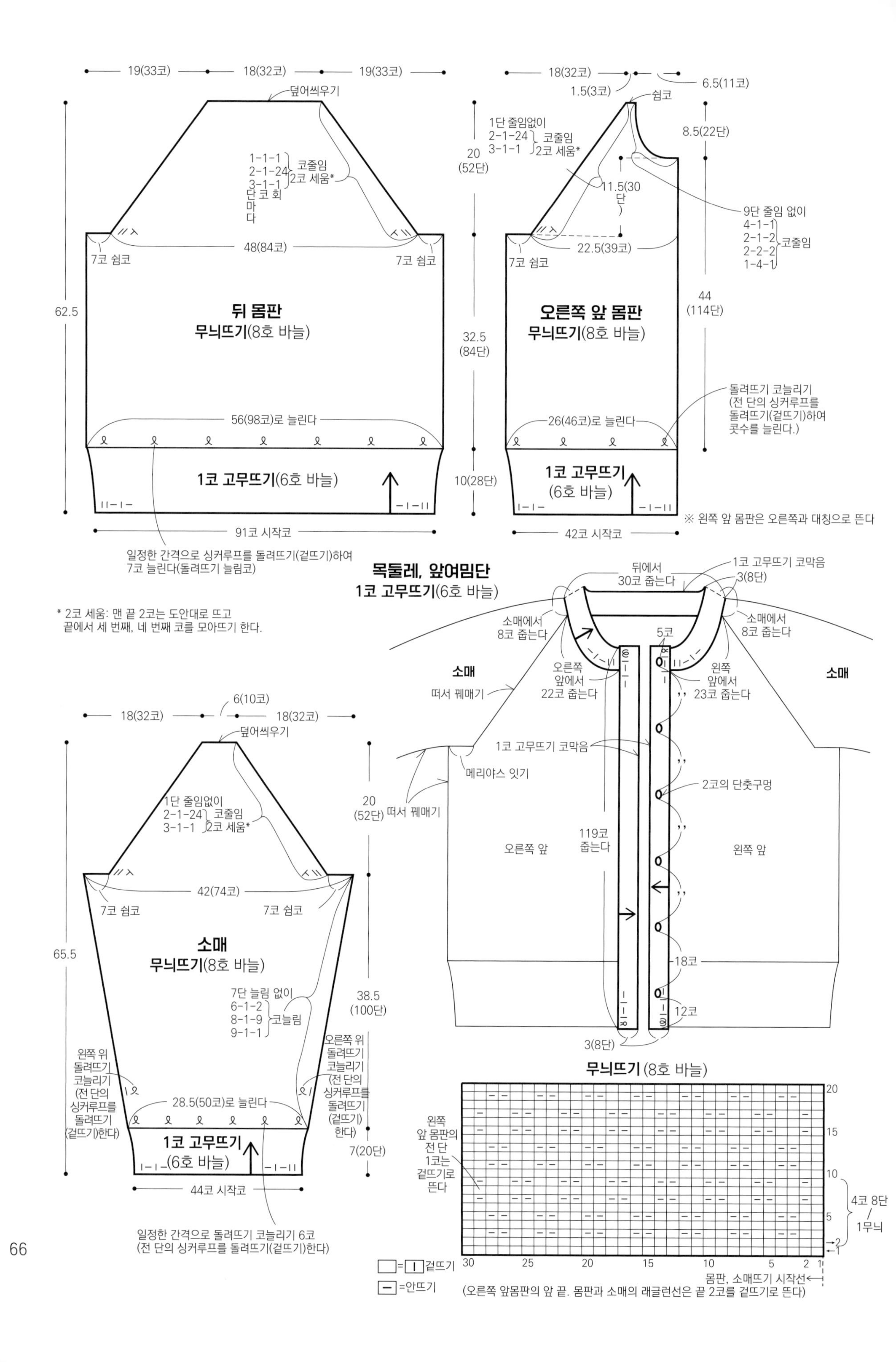
19(33코)
18(32코)
19(33코)
덮어씌우기
1-1-1
2-1-24
3-1-1
단 코 회
마
다
코줄임
2코 세움*
62.5
48(84코)
7코 쉼코
7코 쉼코
뒤 몸판
무늬뜨기(8호 바늘)
56(98코)로 늘린다
1코 고무뜨기(6호 바늘)
91코 시작코
일정한 간격으로 싱커루프를 돌려뜨기(겉뜨기)하여
7코 늘린다(돌려뜨기 늘림코)
* 2코 세움: 맨 끝 2코는 도안대로 뜨고
끝에서 세 번째, 네 번째 코를 모아뜨기 한다.
18(32코)
1.5(3코)
6.5(11코)
쉼코
1단 줄임없이
2-1-24
3-1-1
코줄임
2코 세움*
20
(52단)
8.5(22단)
11.5(30단)
9단 줄임 없이
4-1-1
2-1-2
2-2-2
1-4-1
코줄임
7코 쉼코
22.5(39코)
44
(114단)
오른쪽 앞 몸판
무늬뜨기(8호 바늘)
32.5
(84단)
돌려뜨기 코늘리기
(전 단의 싱커루프를
돌려뜨기(겉뜨기)하여
콧수를 늘린다.)
26(46코)로 늘린다
1코 고무뜨기
(6호 바늘)
10(28단)
42코 시작코
※ 왼쪽 앞 몸판은 오른쪽과 대칭으로 뜬다
목둘레, 앞여밈단
1코 고무뜨기(6호 바늘)
뒤에서
30코 줍는다
1코 고무뜨기 코막음
3(8단)
소매에서
8코 줍는다
소매에서
8코 줍는다
5코
소매
오른쪽
앞에서
22코 줍는다
왼쪽
앞에서
23코 줍는다
소매
떠서 꿰매기
1코 고무뜨기 코막음
메리야스 잇기
2코의 단춧구멍
떠서 꿰매기
119코
줍는다
오른쪽 앞
왼쪽 앞
18코
12코
3(8단)
6(10코)
18(32코)
18(32코)
덮어씌우기
1단 줄임없이
2-1-24
3-1-1
코줄임
2코 세움*
20
(52단)
42(74코)
7코 쉼코
7코 쉼코
65.5
소매
무늬뜨기(8호 바늘)
7단 늘림 없이
6-1-2
8-1-9
9-1-1
코늘림
38.5
(100단)
왼쪽 위
돌려뜨기
코늘리기
(전 단의
싱커루프를
돌려뜨기
(겉뜨기)한다)
오른쪽 위
돌려뜨기
코늘리기
(전 단의
싱커루프를
돌려뜨기
(겉뜨기)
한다)
28.5(50코)로 늘린다
1코 고무뜨기
(6호 바늘)
7(20단)
44코 시작코
일정한 간격으로 돌려뜨기 코늘리기 6코
(전 단의 싱커루프를 돌려뜨기(겉뜨기)한다)
무늬뜨기 (8호 바늘)
왼쪽
앞 몸판의
전 단
1코는
겉뜨기로
뜬다
20
15
10
5
2
1
4코 8단
1무늬
30
25
20
15
10
5
2
1
=겉뜨기
=안뜨기
몸판, 소매뜨기 시작선
(오른쪽 앞몸판의 앞 끝. 몸판과 소매의 래글런선은 끝 2코를 겉뜨기로 뜬다)

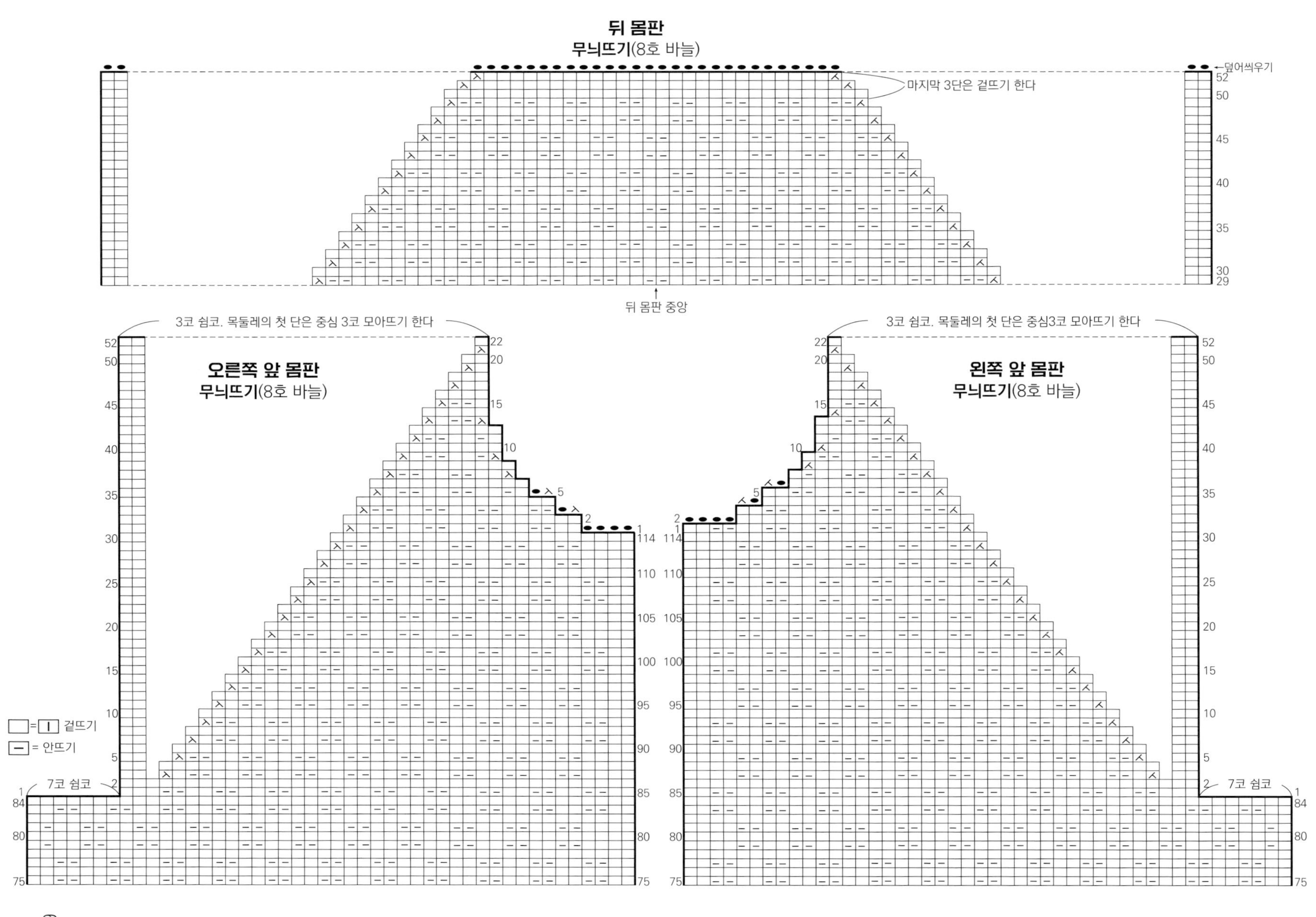

뒤 몸판
무늬뜨기(8호 바늘)
덮어씌우기
마지막 3단은 겉뜨기 한다
뒤 몸판 중앙
3코 쉼코. 목둘레의 첫 단은 중심 3코 모아뜨기 한다
오른쪽 앞 몸판
무늬뜨기(8호 바늘)
7코 쉼코
3코 쉼코. 목둘레의 첫 단은 중심3코 모아뜨기 한다
왼쪽 앞 몸판
무늬뜨기(8호 바늘)
7코 쉼코
□=□ 겉뜨기
▭ = 안뜨기

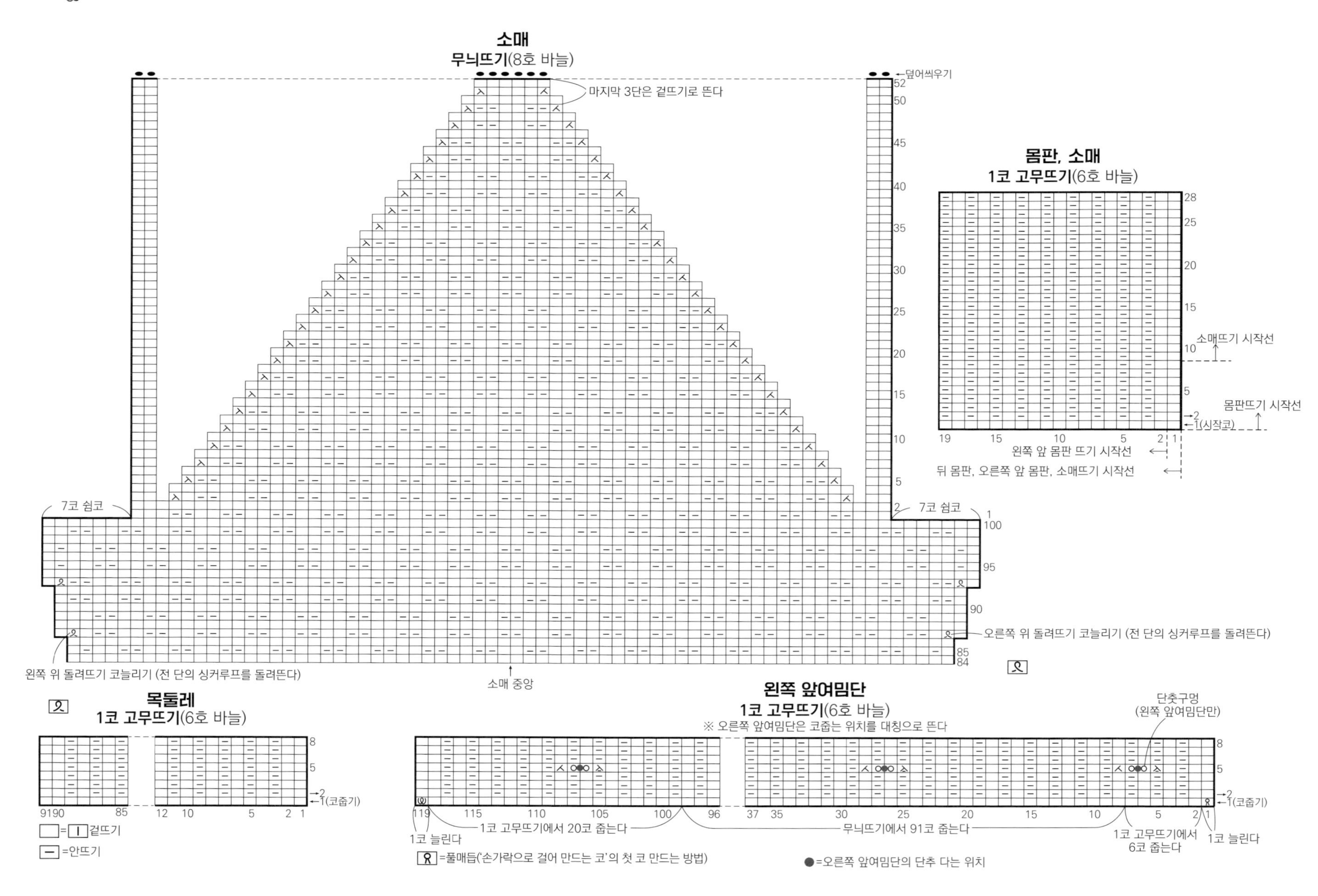

소매
무늬뜨기(8호 바늘)
덮어씌우기
마지막 3단은 겉뜨기로 뜬다
7코 쉼코
7코 쉼코
오른쪽 위 돌려뜨기 코늘리기 (전 단의 싱커루프를 돌려뜬다)
왼쪽 위 돌려뜨기 코늘리기 (전 단의 싱커루프를 돌려뜬다)
소매 중앙
몸판, 소매
1코 고무뜨기(6호 바늘)
소매뜨기 시작선
몸판뜨기 시작선
1(시작코)
왼쪽 앞 몸판 뜨기 시작선
뒤 몸판, 오른쪽 앞 몸판, 소매뜨기 시작선
목둘레
1코 고무뜨기(6호 바늘)
1(코줍기)
=겉뜨기
=안뜨기
왼쪽 앞여밈단
1코 고무뜨기(6호 바늘)
※ 오른쪽 앞여밈단은 코줍는 위치를 대칭으로 뜬다
단춧구멍
(왼쪽 앞여밈단만)
1(코줍기)
1코 늘린다
1코 고무뜨기에서 20코 줍는다
무늬뜨기에서 91코 줍는다
1코 고무뜨기에서 6코 줍는다
1코 늘린다
=풀매듭('손가락으로 걸어 만드는 코'의 첫 코 만드는 방법)
●=오른쪽 앞여밈단의 단추 다는 위치

Color composition 캐시미어 장갑 그림 도안

엄지손가락

메리야스뜨기

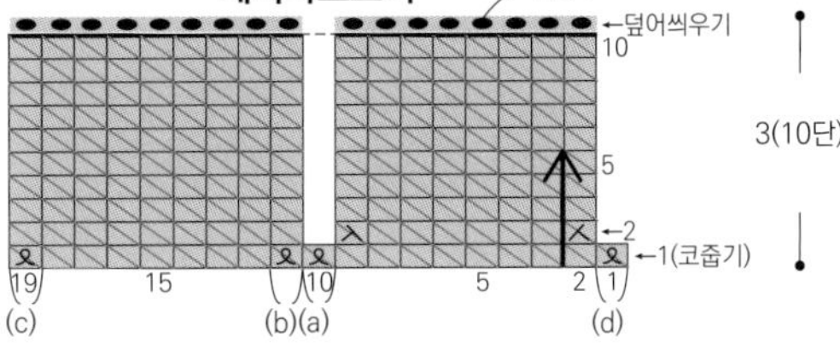
17코
덮어씌우기
10
5
2
1(코줍기)
3(10단)
19
15
10
5
2
1
(c)
(b)(a)
(d)
엄지손가락 구멍의 보조실을 풀어
19코를 원통으로 줍는다

본체

가터뜨기

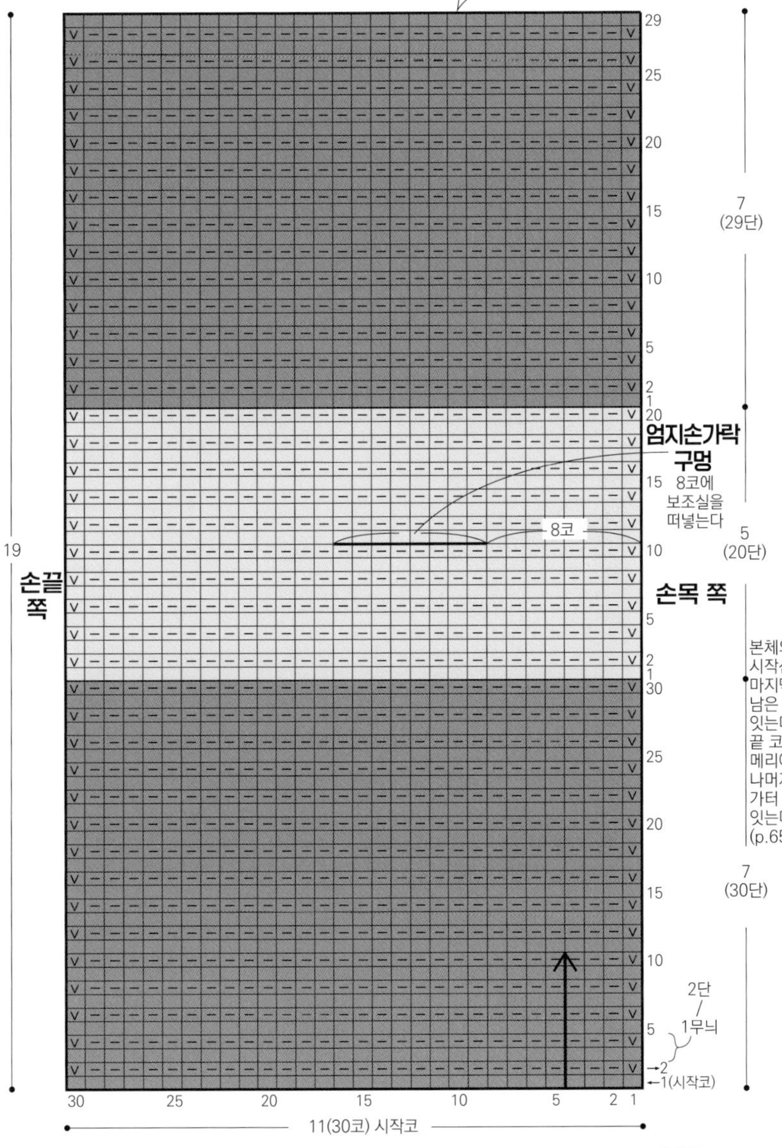
쉼코
29
25
20
15
10
5
2
1
20
엄지손가락
구멍
8코에
보조실을
떠넣는다
8코
손끝
쪽
손목 쪽
30
1(시작코)
2단
1무늬
19
7
(29단)
5
(20단)
7
(30단)
11(30코) 시작코

엄지손가락 코 줍는 법

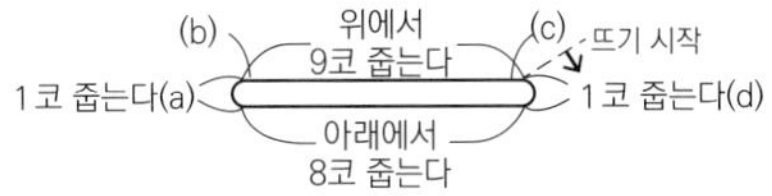
(b)
위에서
9코 줍는다
(c)
뜨기 시작
1 코 줍는다(a)
1 코 줍는다(d)
아래에서
8코 줍는다

※ 코 줍는 방법은 p.38, 39를 참조하되
d의 위치에서 뜨기 시작한다

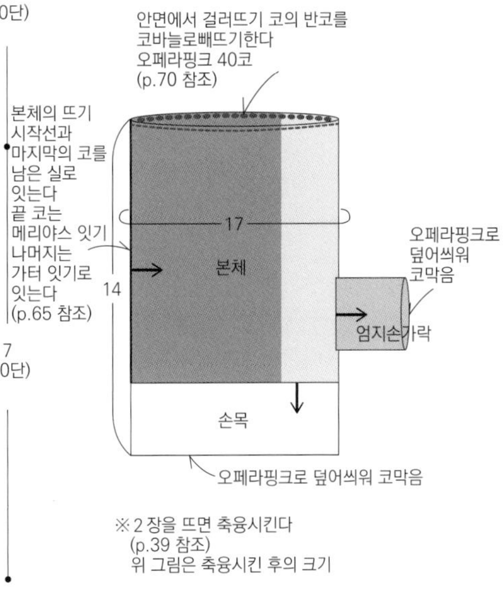
안면에서 걸러뜨기 코의 반코를
코바늘로빼뜨기한다
오페라핑크 40코
(p.70 참조)
본체의 뜨기
시작선과
마지막의 코를
남은 실로
잇는다
끝 코는
메리야스 잇기
나머지는
가터 잇기로
잇는다
(p.65 참조)
17
14
본체
오페라핑크로
덮어씌워
코막음
엄지손가락
손목
오페라핑크로 덮어씌워 코막음

※ 2 장을 뜨면 축융시킨다
(p.39 참조)
위 그림은 축융시킨 후의 크기

손목

2코 고무뜨기

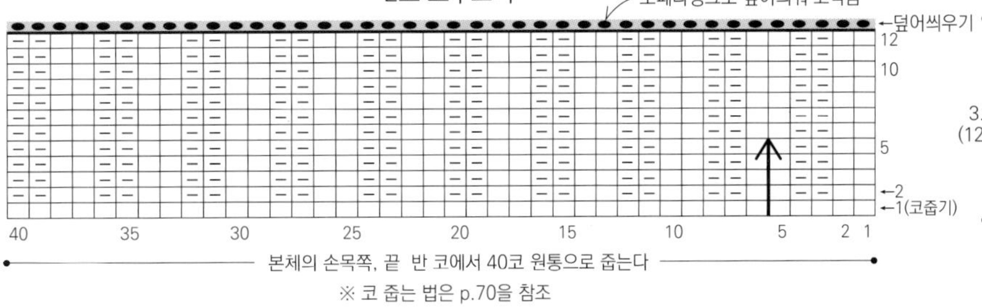
오페라핑크로 덮어씌워 코막음
덮어씌우기
12
10
5
2
1(코줍기)
3.5
(12단)
40
35
30
25
20
15
10
5
2 1
본체의 손목쪽, 끝 반 코에서 40코 원통으로 줍는다

※ 코 줍는 법은 p.70을 참조

- □ = | 겉뜨기
- − = 안뜨기
- 스칼렛(본체)
- L.그레이(본체)
- 아이스그레이(손목)
- 오페라핑크(엄지손가락)

【 짝수단 처음 코 걸러뜨기 】

※ 알아보기 쉽도록 사진에서는 실과 색상을 변경하여 설명합니다.

실을 앞쪽에 두고 단의 첫코에 오른 바늘을 넣는다.

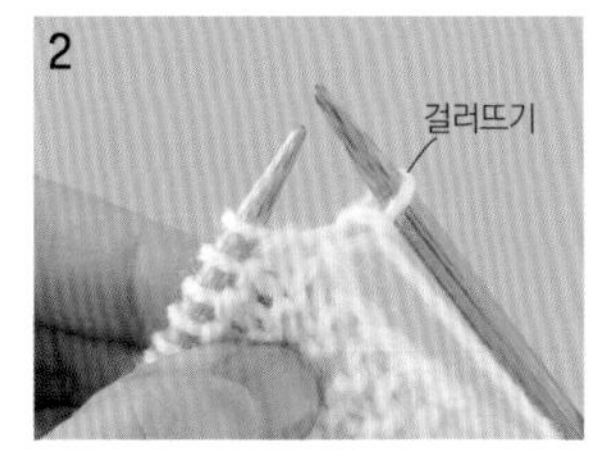

오른 바늘에 코를 옮긴다(걸러뜨기)

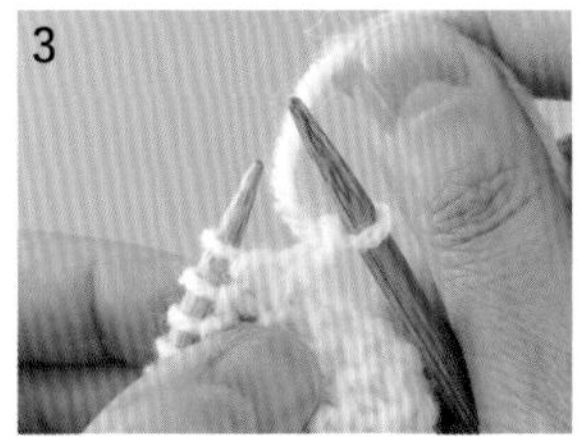

실을 뒤쪽으로 옮긴다.

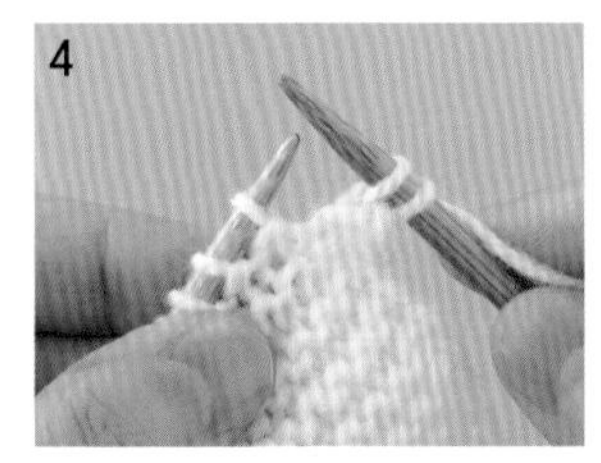

계속해서 뜬다.

【 짝수단 마지막 코 걸러뜨기 】

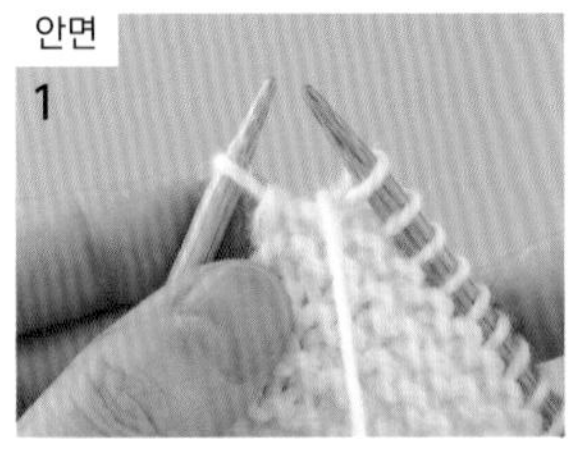

단의 끝 코의 전 코까지 뜨면 실을 앞쪽으로 놓는다.

오른 바늘을 넣는다.

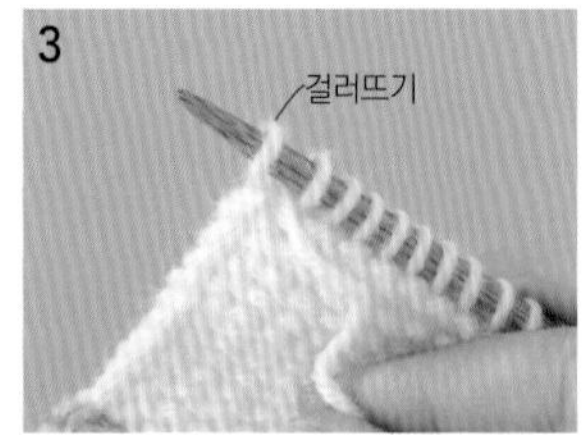

오른 바늘에 코를 옮긴다(걸러뜨기)

【 단 끝 걸러뜨기에서 코 줍는 법 】

뜨개바탕의 겉면을 앞쪽으로 두고 단 끝의 걸러뜨기의 뒤쪽 반코에 바늘을 넣고 실을 걸어 코를 줍는다.

앞쪽의 남은 반코로 줄이 생겼다.

【 단 끝의 빼뜨기 뜨는 법 】

뜨개바탕의 안면을 앞쪽에 두고, 단 끝 걸러코의 뒤쪽 반코에 코바늘을 넣는다.

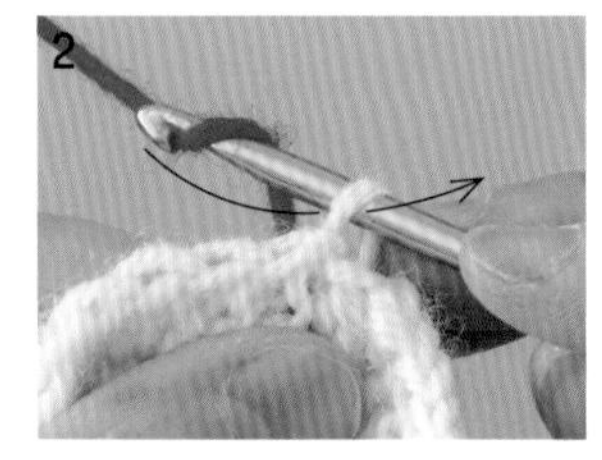

바늘에 실을 걸어서 빼낸다.

실을 빼낸 모습

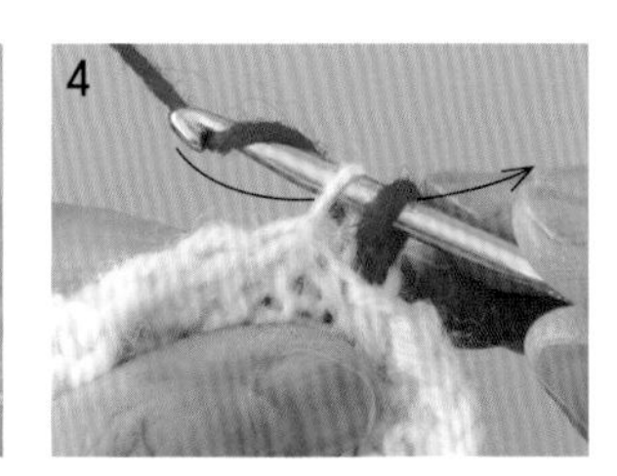

계속해서 반코에 바늘을 넣고 실을 걸어서 한 번에 빼낸다.

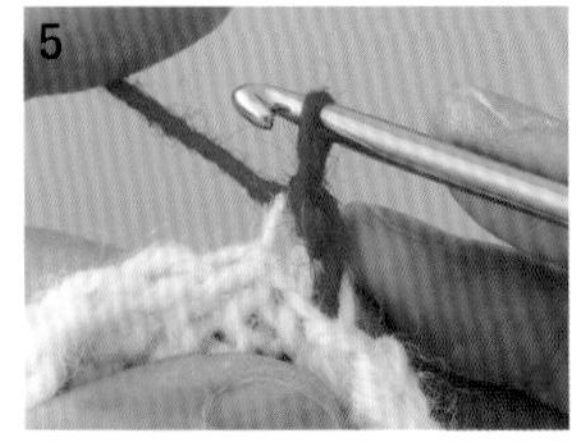

빼뜨기 한 모습. **4**를 반복한다.

빼뜨기는 되도록 코를 큼직하게 한다.

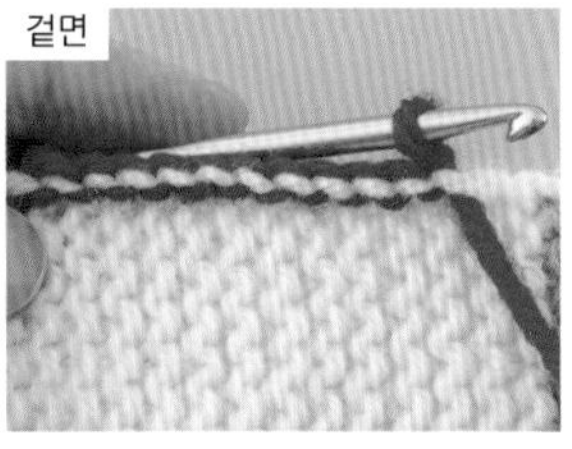

뜨개바탕의 겉면에는 반코가 두드러진 모양이 된다.

p.16 가을 정원 둥근 요크 스웨터

재료 [로완] 펠티드 트위드 반 레드(196) M사이즈 270g, L사이즈 325g, 클레이(177) 30g, 스톤(190) 10g
키드실크헤이즈 카시스 (641) 9g, 브론즈(731) 7g, 드래브 (611) 5g, 크림(634) 4g, 터키시 플럼(660) 4g, 이브 그린(684) 3g, 러스터(686) 3g

도구 5호(3.6㎜), 4호(3.3㎜) 80㎝ 줄바늘(줄바늘로 평면뜨기(p.41 참조)), 7호(4.2㎜), 6호(3.9㎜) 80㎝ 줄바늘, 6호, 4호 40㎝ 줄바늘

게이지 메리야스뜨기 24코 33단 / 10㎝×10㎝
배색무늬 27코 28단 / 10㎝×10㎝ (6호 바늘)

완성 치수 M사이즈 가슴둘레 104㎝, 길이 59㎝, 화장(뒷목 중심~소맷부리) 72㎝
L사이즈 가슴둘레 112㎝, 길이 65㎝, 화장 75㎝

뜨는 법 ※ [ ] 안은 L사이즈의 콧수, 단수.
펠티드트위드는 1가닥, 키드실크헤이즈는 2가닥으로 뜬다. 지정된 배색, 지정된 호수의 바늘로 뜬다.

· 뒤 몸판 뜨기
5호 바늘로 별 사슬에서 줍는 시작코를 125코[135코] 잡는다. 계속해서 메리야스뜨기로 90단[100단]까지 뜬다. 소매아래선에 보조실을 꿰어 쉼코로 두고 계속해서 메리야스뜨기로 래글런선, 요크선의 코줄임을 하며 16단 [26단] 뜬다. 실을 이어서 요크선을 덮어씌우기 코막음한 후에 좌우 내칭으로 뜬다. 나머지 코는 쉼코로 둔다. 별 사슬을 풀어내고 4호 바늘로 125코[135코]를 줍는다. 2번째 단에서 일정한 간격으로 112코[120코]로 늘려서 1코 고무뜨기를 26단 뜬다. 1코 고무뜨기 코막음(평면뜨기) 한다.

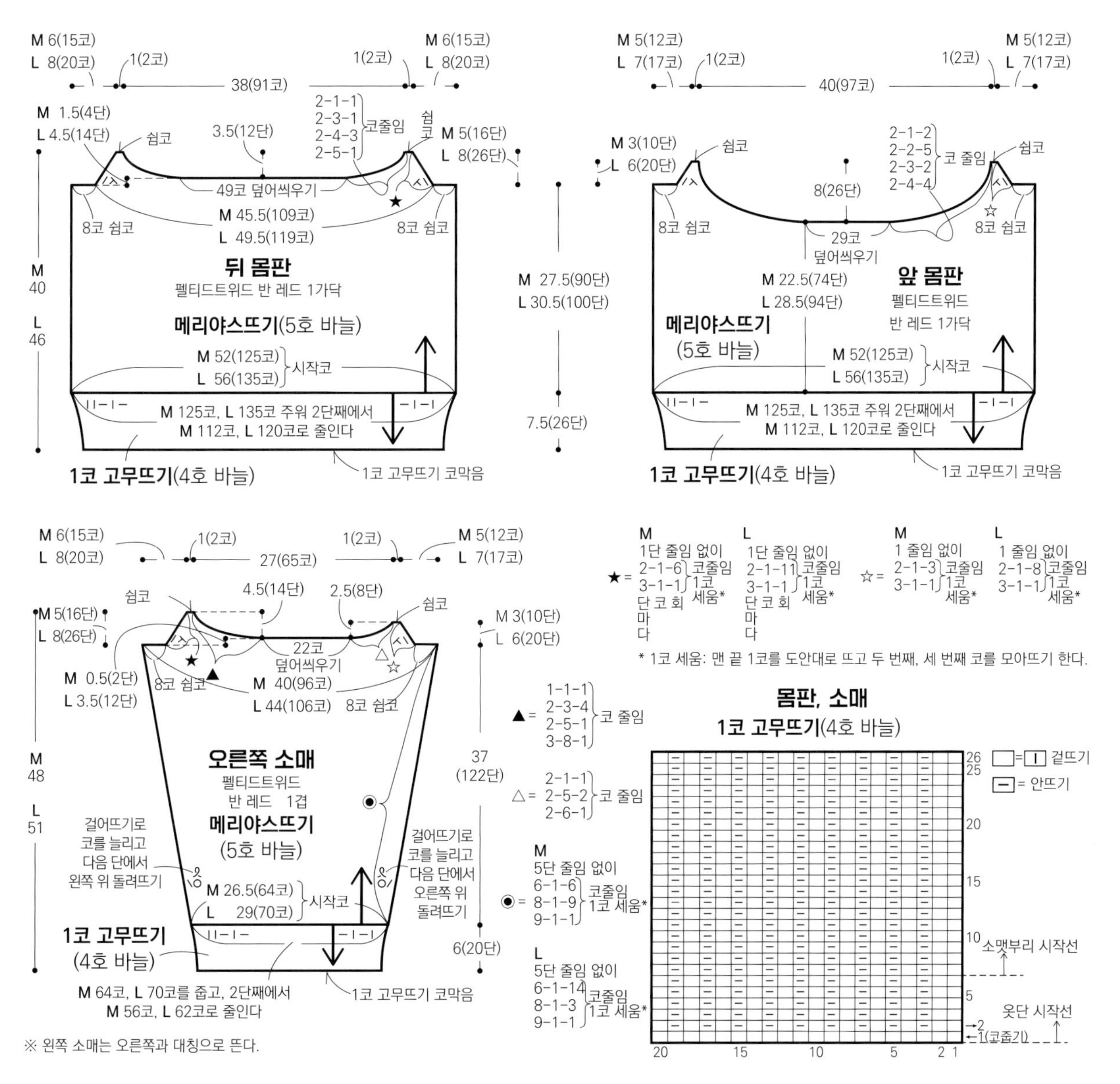

・앞 몸판 뜨기

5호 바늘로 별 사슬에서 줍는 시작코를 125코[135코] 잡는다.계속해서 메리야스뜨기로 74단[94단]까지 뜬다. 요크선에서 코줄임을 해가며 90단[100단]까지 뜨면, 소매아래선에 보조실을 끼워 쉼코로 둔다. 래글런선의 코줄임을 하며 10단[20단] 뜨고 남은 코는 쉼코로 둔다. 실을 이어서 요크선을 덮어씌우기 코막음 한 후에 좌우대칭으로 뜬다. 남은 코는 쉼코로 둔다. 보조실을 풀어내고 4호 바늘로 125코[135코]줍는다. 2번때 단에서 일정한 간격으로 112코[120코]를 줄이고 1코 고무뜨기를 26단 뜬다. 1코 고무뜨기 코막음(평면뜨기) 한다.

・소매 뜨기

오른 소매는 5호 바늘로 별 사슬에서 줍는 시작코를 64코[70코] 잡는다.계속해서 코늘림하며 메리야스뜨기로 122단까지 뜬다. 소매아래선에는 보조실을 키워 쉼코로 둔다. 계속해서 메리야스뜨기로 래글런선을 뜨면서 요크선의 코줄임을 하며 10단[20단] 뜨고 남은 코는 쉼코로 둔다. 실을 이어서 요크선을 덮어씌워 코막음 하고 코줄임을 하며 16단[26단] 뜨고 나머지 코는 쉼코로 둔다. 보조실을 풀어내고 4호 바늘로 64코[70코] 줍는다. 2번째 단에서 일정한 간격으로 56코[62코]로 코늘림 한 후 1코 고무뜨기로 20단 뜬다. 1코 고무뜨기 코막음(평면뜨기) 한다. 왼쪽 소매는 오른쪽과 대칭으로 뜬다.

・요크, 목둘레 뜨기

7호바늘로 왼 소매, 앞 몸판, 오른 소매, 뒤 몸판의 순으로 요크선에서 코를 줍는다. 배색무늬로 8단을 원통뜨기로 뜬다. 6호 바늘로 바꾸어 요크의 코줄임을 하며 47단 뜬다. 4호 바늘로 바꾸어 1코 고무뜨기로 뜨는데, 2번째 단에서 일정한 간격으로 140코로 코줄임 하고 10단까지 뜬다. 1코 고무뜨기 코막음(원통뜨기)한다.

・마무리

래글런선, 옆선, 소매옆선은 떠서 꿰매기 하고, 소매아래선은 메리야스 잇기 한다.

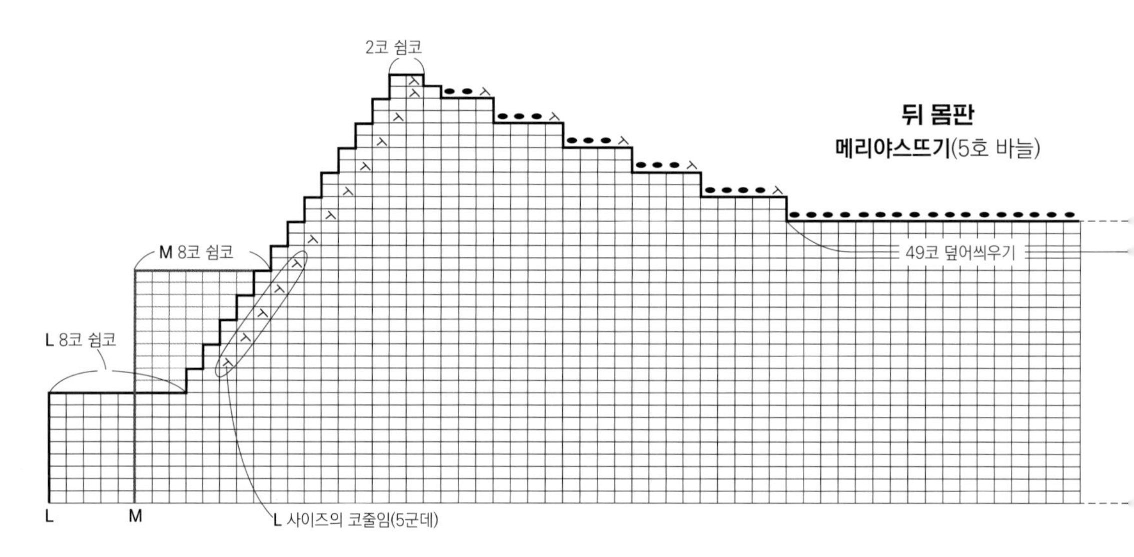

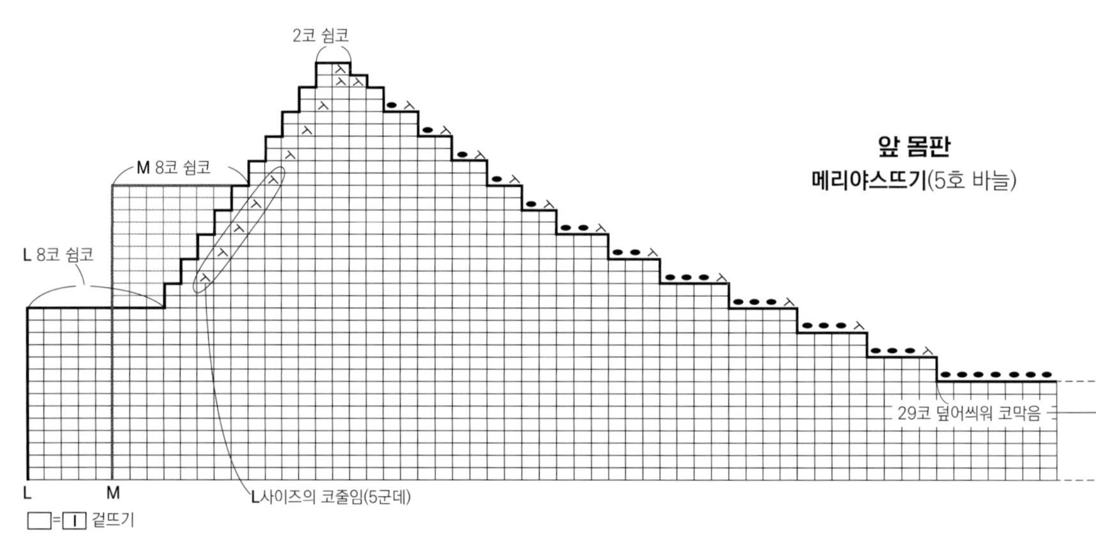

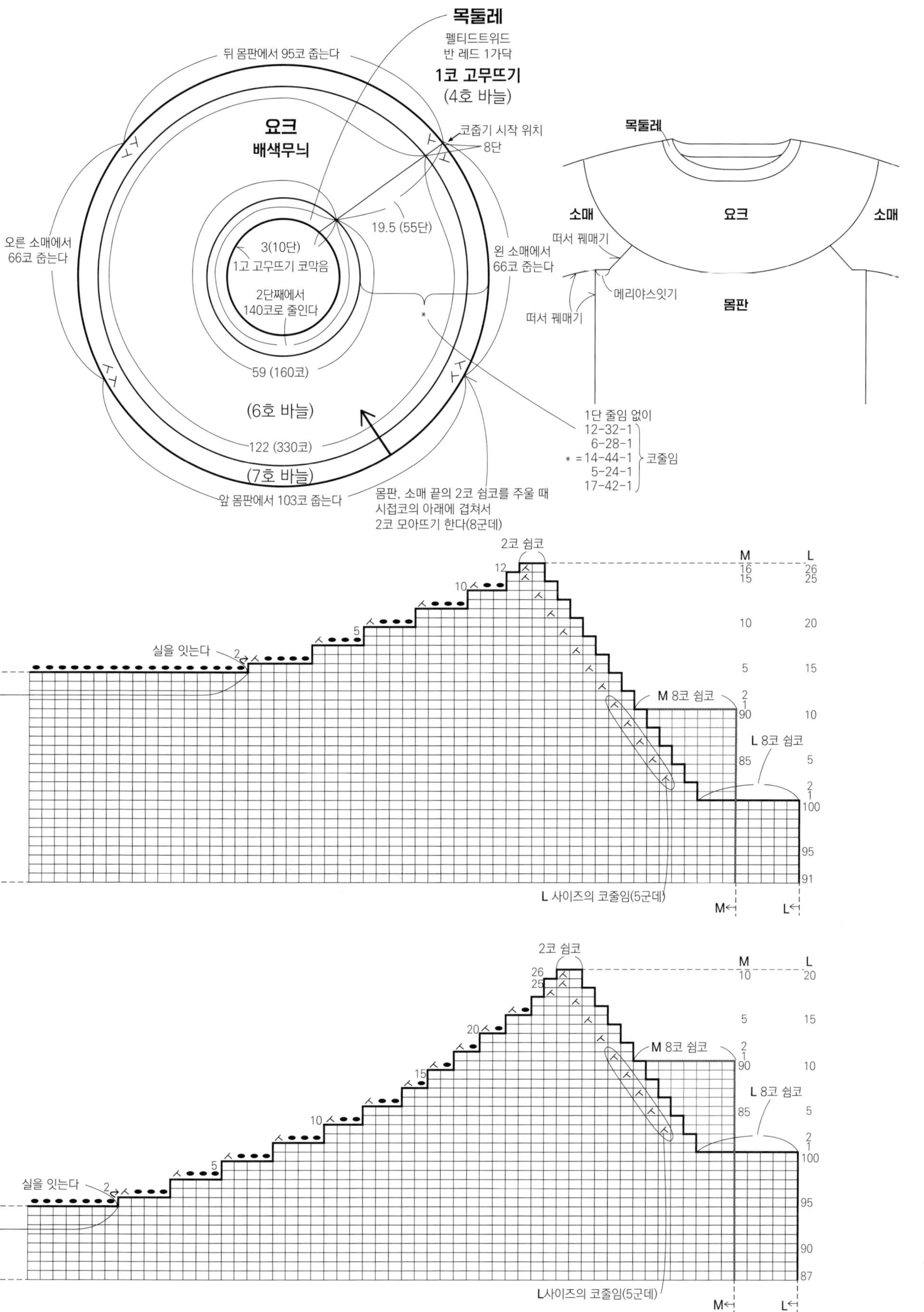

목둘레
펠티드트위드
반 레드 1가닥
1코 고무뜨기
(4호 바늘)
뒤 몸판에서 95코 줍는다
요크
배색무늬
코줍기 시작 위치
8단
오른 소매에서
66코 줍는다
3(10단)
1고 고무뜨기 코막음
19.5 (55단)
왼 소매에서
66코 줍는다
2단째에서
140코로 줄인다
59 (160코)
(6호 바늘)
122 (330코)
(7호 바늘)
앞 몸판에서 103코 줍는다
몸판, 소매 끝의 2코 쉼코를 주울 때
시접코의 아래에 겹쳐서
2코 모아뜨기 한다(8군데)
1단 줄임 없이
12-32-1
6-28-1
* =14-44-1
5-24-1
17-42-1
코줄임
목둘레
소매
요크
소매
떠서 꿰매기
메리야스잇기
몸판
떠서 꿰매기
2코 쉼코
M
L
실을 잇는다
M 8코 쉼코
L 8코 쉼코
L 사이즈의 코줄임(5군데)
M
L
2코 쉼코
M
L
실을 잇는다
M 8코 쉼코
L 8코 쉼코
L사이즈의 코줄임(5군데)
M
L

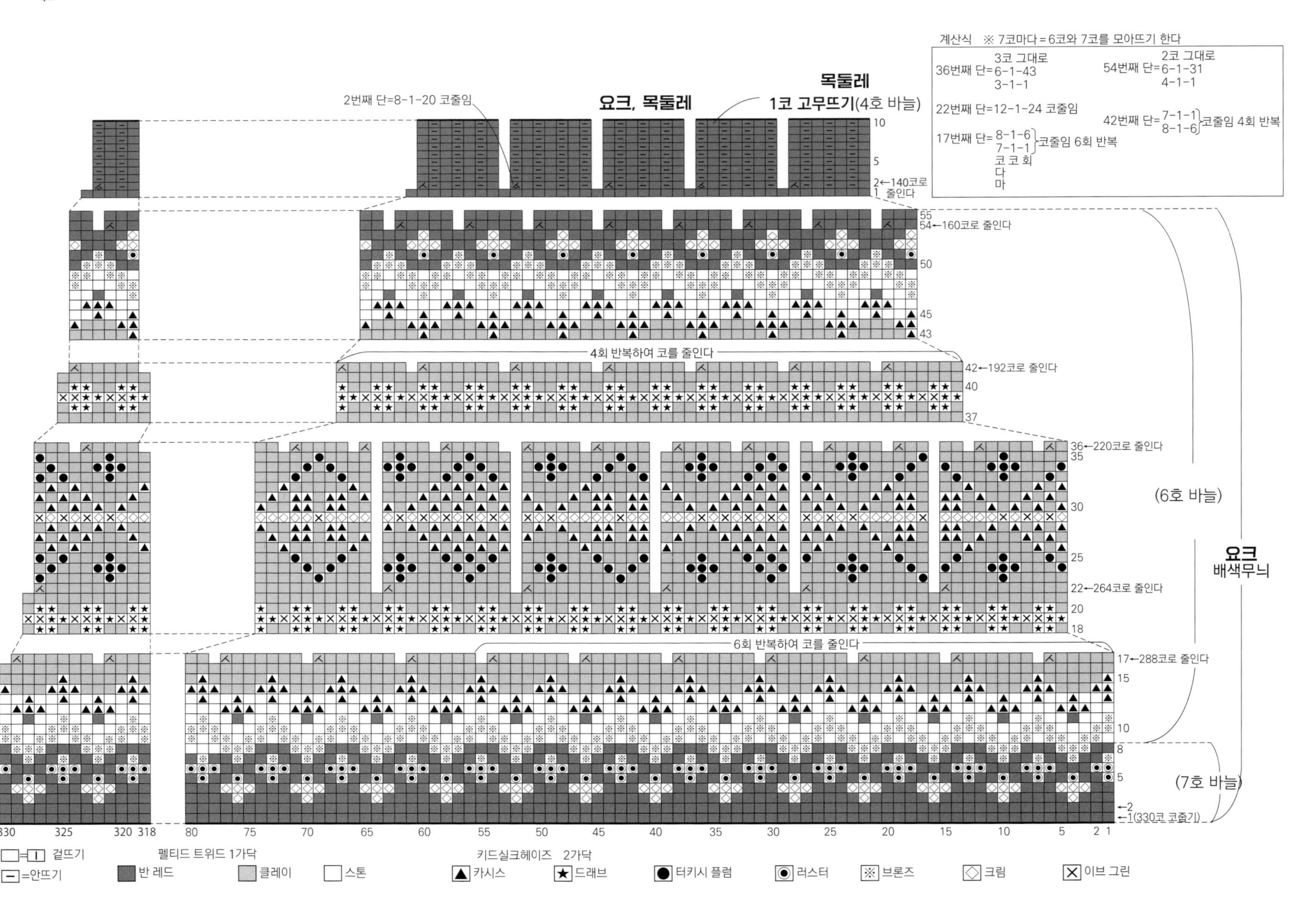

계산식 ※ 7코마다=6코와 7코를 모아뜨기 한다
36번째 단=3코 그대로 6-1-43 3-1-1
54번째 단=2코 그대로 6-1-31 4-1-1
22번째 단=12-1-24 코줄임
42번째 단=7-1-1 8-1-6 코줄임 4회 반복
17번째 단=8-1-6 7-1-1 코줄임 6회 반복
목둘레
1코 고무뜨기(4호 바늘)
요크, 목둘레
2번째 단=8-1-20 코줄임
2←140코로 줄인다
54←160코로 줄인다
4회 반복하여 코를 줄인다
42←192코로 줄인다
36←220코로 줄인다
22←264코로 줄인다
6회 반복하여 코를 줄인다
17←288코로 줄인다
1(330코 코잡기)
(6호 바늘)
(7호 바늘)
요크
배색무늬
걸뜨기
=안뜨기
펠티드 트위드 1가닥
반 레드
클레이
스톤
키드실크헤이즈 2가닥
카시스
드래브
터키시 플럼
러스터
브론즈
크림
이브 그린

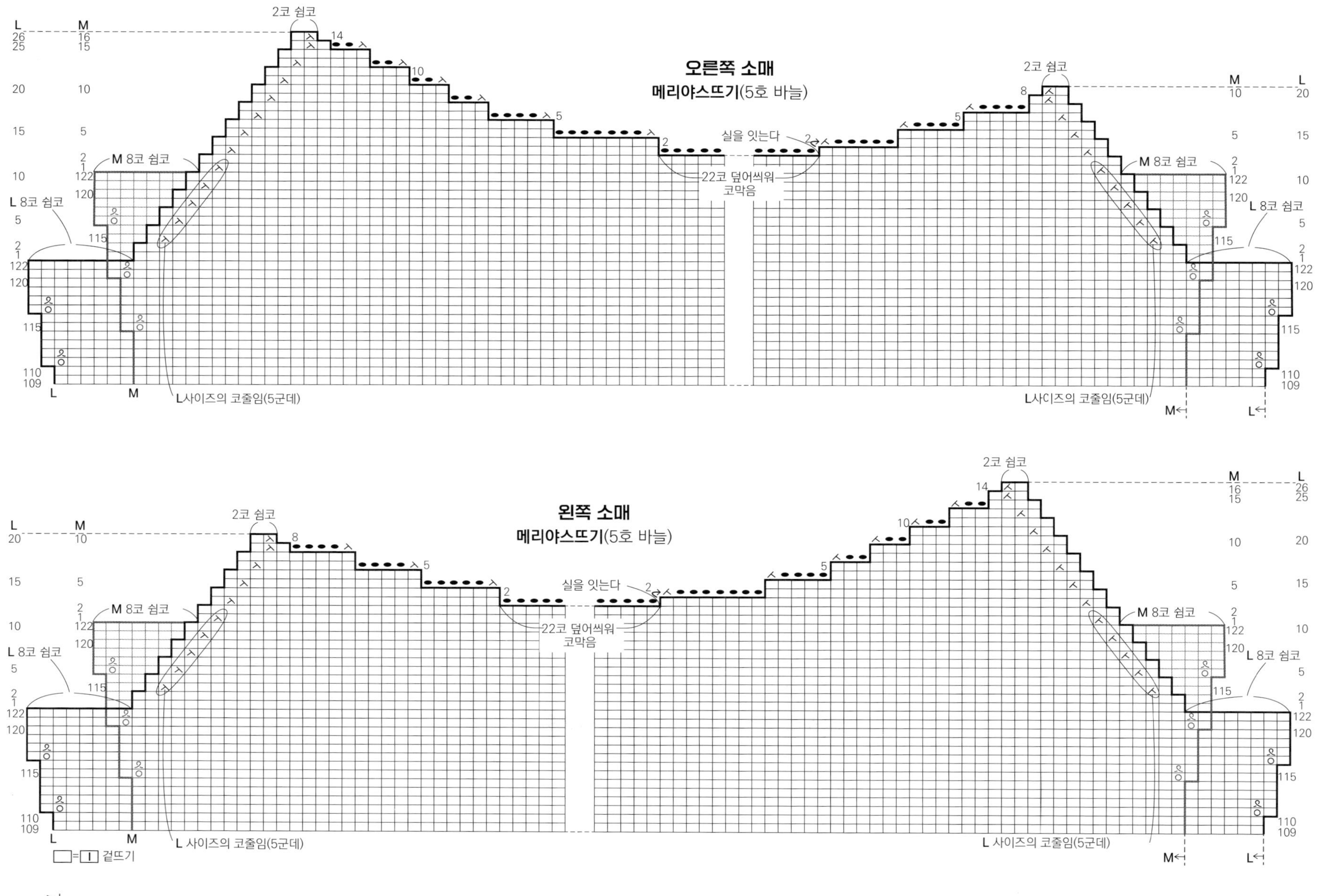

오른쪽 소매
메리야스뜨기(5호 바늘)
2코 쉼코
M 8코 쉼코
L 8코 쉼코
실을 잇는다
22코 덮어씌워 코막음
L사이즈의 코줄임(5군데)
L사이즈의 코줄임(5군데)
왼쪽 소매
메리야스뜨기(5호 바늘)
2코 쉼코
M 8코 쉼코
L 8코 쉼코
실을 잇는다
22코 덮어씌워 코막음
L 사이즈의 코줄임(5군데)
L 사이즈의 코줄임(5군데)
겉뜨기

p.20 프릴 카디건

재료 [퍼피]셰틀랜드 빨강(29) M사이즈 550g, L사이즈 600g

도구 6호(3.9㎜), 4호(3.3㎜) 막대바늘 2개
(줄바늘로 평면뜨기(p.41 참조)할 때에는 6호, 4호 80㎝ 줄바늘)

부자재 직경 1.5㎝ 단추 6개

게이지 무늬뜨기A, A′ 26코 30단 / 8㎝×10㎝
무늬뜨기B 14코 30단 / 4.5㎝×10㎝
안메리야스뜨기 21.5코 30단 / 10㎝×10㎝

완성 치수 M사이즈 가슴둘레 101.5㎝, 길이 61㎝, 어깨너비 36㎝, 소매길이 52㎝
L사이즈 가슴둘레 111.5㎝, 길이 66.5㎝, 어깨너비 38.5㎝, 소매길이 55㎝

뜨는 법 ※ [ ] 안은 L사이즈의 콧수, 단수.
실은 1가닥으로, 지정 호수의 바늘로 뜬다.

・뒤 몸판 뜨기
6호 바늘로 손가락으로 걸어 만드는 시작코를 125코[137코] 잡는다. 계속해서 돌려뜨기 1코 고무뜨기, 무늬뜨기A, 안메리야스뜨기, 무늬뜨기A′로 32단, 안메리야스뜨기, 무늬뜨기A, A′로 80단[88단] 뜬다. 진동 둘레의 코줄임을 하며 58단[66단] 뜬다. 목둘레는 덮어씌우기, 코줄임 해가며 뜬다. 어깨는 8단 되돌아뜨기 하고 쉼코로 둔다.

・앞 몸판 뜨기(오른쪽)
6호 바늘로 손가락으로 걸어 만드는 시작코를 61코[67코] 잡는다. 계속해서 무늬뜨기A′, 돌려뜨기 1코 고무뜨기로 32단, 무늬뜨기A′, 안메리야스뜨기로 80단[88단] 뜬다. 진동 둘레의 코줄임을 해가며 58단[66단] 뜬다. 어깨는 8단 되돌아뜨기 하고 쉼코로 둔다. 목둘레는 덮어씌우기하며 코를 줄여가며 뜬다.

・앞 몸판 뜨기(왼쪽)
오른쪽과 대칭으로 뜬다.

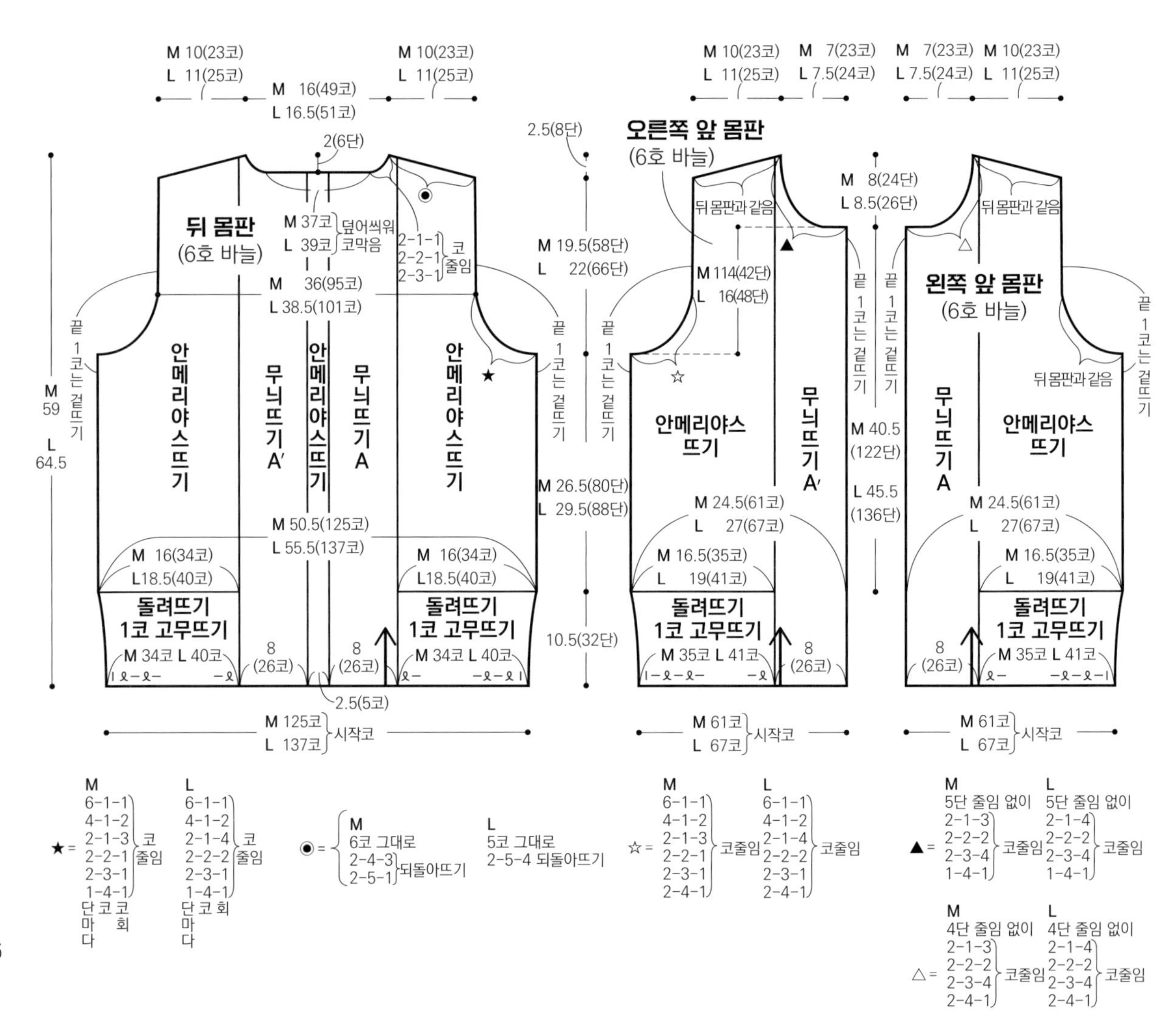

• 소매 뜨기

6호 바늘로 손가락으로 걸어 만드는 시작코를 54코[58코] 잡는다. 계속해서 돌려뜨기 1코 고무뜨기, 무늬뜨기B로 22단 뜬다. 첫 단에서 64코[68코]로 늘린다. 안메리야스뜨기, 무늬뜨기B로 소매 옆선의 코늘림을 하며 96단[100단] 뜬다. 계속해서 소매산의 코줄임을 하며 38단[42단] 뜬다. 마지막에는 덮어씌우기 코막음 한다.

• 마무리

어깨선을 빼뜨기 잇기로 잇는다. 목둘레의 코를 주워 4호 바늘로 가터뜨기로 6단 뜨고 덮어씌워 코막음 한다. 앞여밈의 좌우의 앞끝에서 코를 주워 4호 바늘로 가터뜨기로 6단 뜬다. 오른쪽 앞여밈단에는 단춧구멍을 만들며 뜬다. 마지막 단은 덮어씌워 코막음 한다. 옆선과 소매 옆선은 떠서 꿰매기 한다. 소매산과 진동 둘레를 빼뜨기로 꿰매기한다. 왼쪽 앞여밈단에 단추를 단다.

<u>포인트</u>

뜨개바탕의 끝 코를 겉뜨기로 뜨면 1번째 코와 2번째 코 사이의 싱커루프를 알아보기 쉬워 꿰매기나 코줍기 작업이 쉬워진다.

M 5단 L 9단 늘림 없이
◆ = 6-1-7 / 8-1-5 / 9-1-1 코늘림
22코 덮어씌워 코막음
M 1단 줄임 없이 / 2-2-8 / 2-1-6 / 2-2-4 / 1-4-1 코줄임
L 1단 줄임 없이 / 2-2-8 / 2-1-8 / 2-2-4 / 1-4-1 코줄임
소매 (6호 바늘)
끝 1코는 겉뜨기
M 14 (42단) L 12.5 (38단)
M 39.5 (90코) L 41.5 (94코)
M 52 L 55
안메리야스 뜨기
무늬뜨기 B
안메리야스 뜨기 ◆
M 32 (96단) L 33.5 (100단)
걸러뜨기로 코늘림하고 다음 단에서 왼쪽 위 돌려뜨기
걸러뜨기로 코늘림하고 다음 단에서 오른쪽 위 돌려뜨기
M 27.5 (64코) L 29.5 (68코) 로 늘린다
M11.5(25코) L 12.5(27코)
M11.5(25코) L 12.5(27코)
M 20코 L 22코
M 20코 L 22코
7.5 (22단)
4.5 (14코)
돌려뜨기 1코 고무뜨기
M 54코 L 58코 시작코
돌려뜨기 1코 고무뜨기
안메리야스뜨기 첫 단에서 일정한 간격으로 코와 코 사이의 싱커루프를 돌려뜨기하여 5코 늘린다

뒤 몸판, 왼쪽 앞 몸판
무늬뜨기 A(6호 바늘)

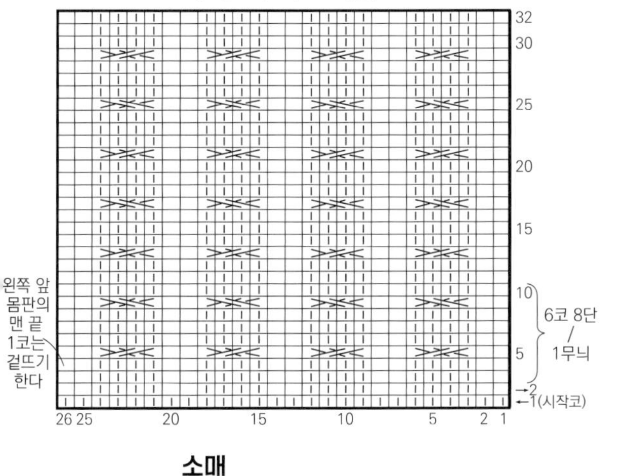

뒤 몸판, 오른쪽 앞 몸판
무늬뜨기 A′(6호 바늘)

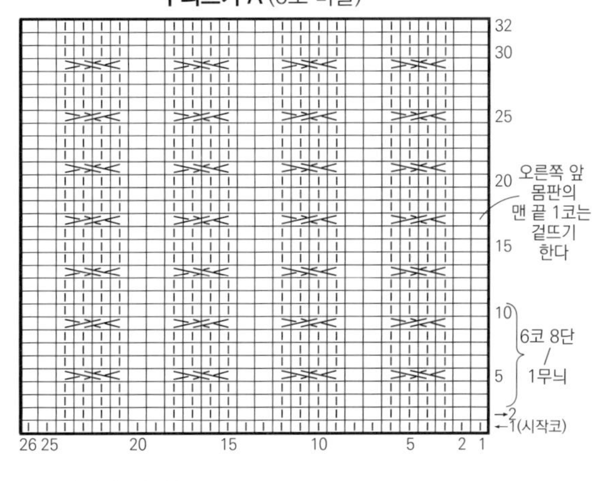

소매
무늬뜨기 B(6호 바늘)

32
30
25
20
15
10
5
2
1(시작코)
14코 8단 / 1무늬
14 10 5 2 1

| = 겉뜨기

□ = ㅡ 안뜨기

몸판, 소매
돌려뜨기 1코 고무뜨기(6호 바늘)

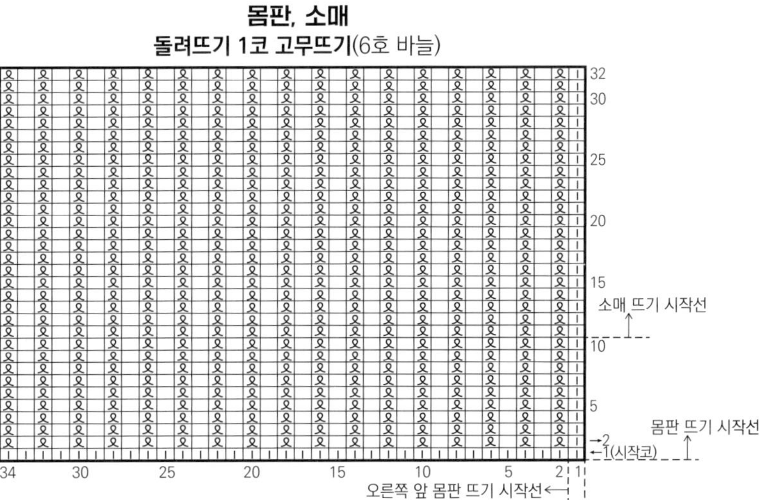

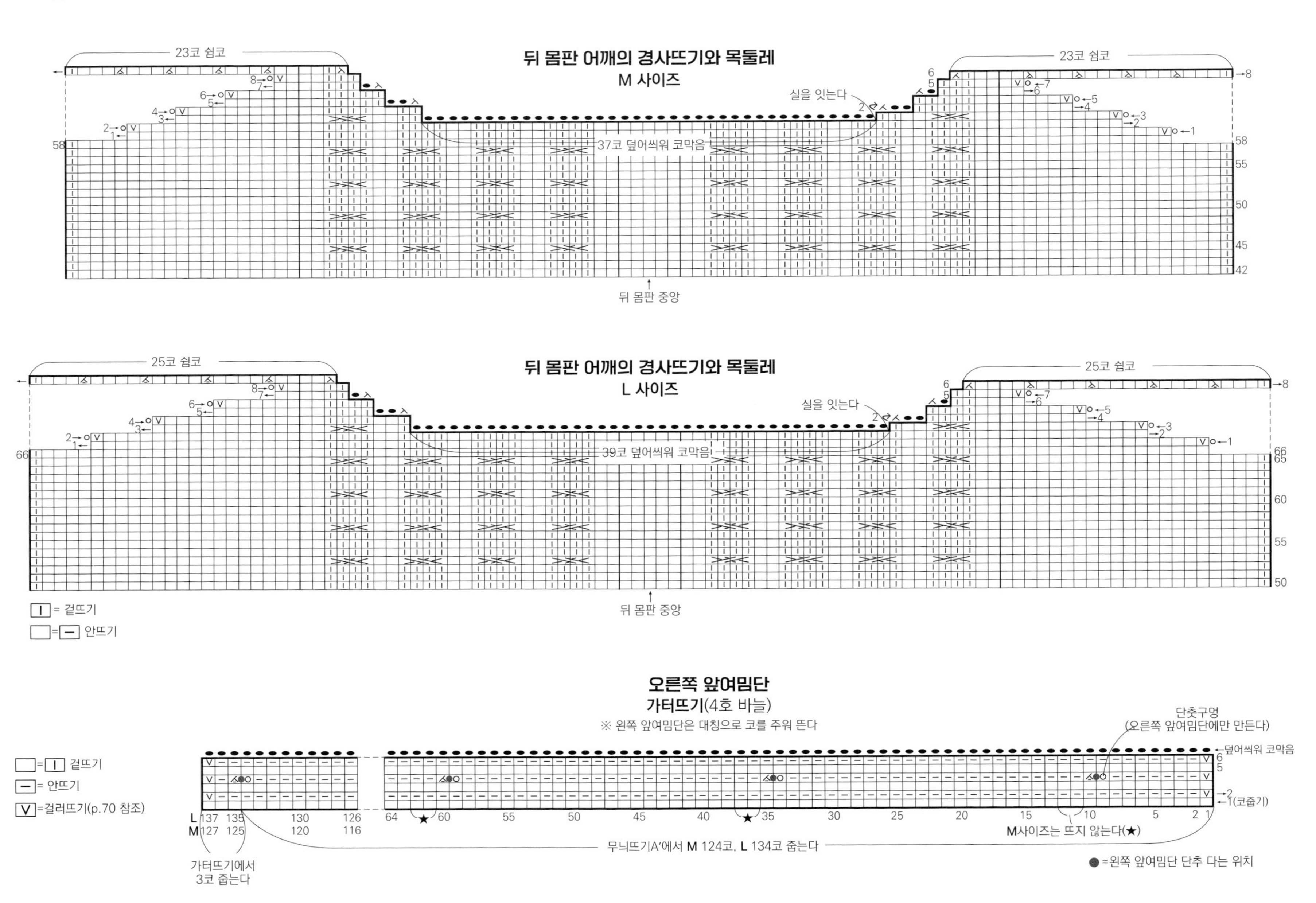
뒤 몸판 어깨의 경사뜨기와 목둘레
M 사이즈
23코 쉼코
23코 쉼코
실을 잇는다
37코 덮어씌워 코막음
뒤 몸판 중앙
뒤 몸판 어깨의 경사뜨기와 목둘레
L 사이즈
25코 쉼코
25코 쉼코
실을 잇는다
39코 덮어씌워 코막음
뒤 몸판 중앙
= 겉뜨기
= 안뜨기
오른쪽 앞여밈단
가터뜨기(4호 바늘)
※ 왼쪽 앞여밈단은 대칭으로 코를 주워 뜬다
단춧구멍
(오른쪽 앞여밈단에만 만든다)
덮어씌워 코막음
(코줍기)
M사이즈는 뜨지 않는다(★)
무늬뜨기A'에서 M 124코, L 134코 줍는다
가터뜨기에서
3코 줍는다
●=왼쪽 앞여밈단 단추 다는 위치
= 겉뜨기
= 안뜨기
V =걸러뜨기(p.70 참조)

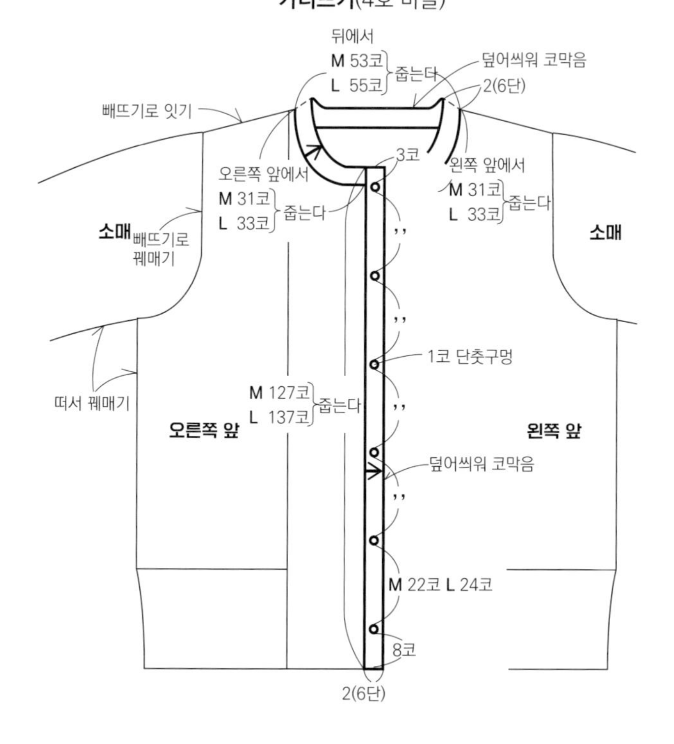

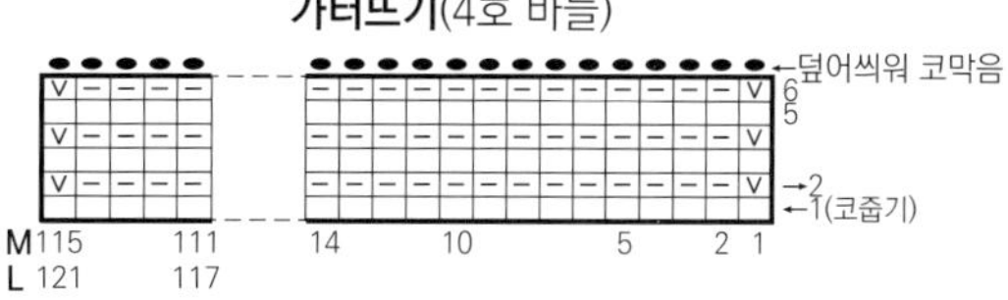

p.24 트윈 케이블 스웨터

※ 그림 도안은 p.82에 있습니다

재료 [퍼피]셰틀랜드 딥 블루(53) M사이즈 520g, L사이즈 600g

도구 6호(3.9㎜), 7호(4.2㎜) 80㎝ 줄바늘(줄바늘로 평면뜨기, 매직루프(p.41 참조)), 5호(3.6㎜) 40㎝ 줄바늘, 5호 짧은 막대바늘 5개

게이지 메리야스뜨기 21.5코 29단 / 10㎝×10㎝
무늬뜨기 27.5코 29단 / 10㎝×10㎝

완성 치수 M사이즈 가슴둘레105㎝, 길이58㎝, 어깨너비 52.5㎝, 소매길이49㎝, 화장(뒷목 중심~소맷부리)75㎝
L사이즈 가슴둘레 113㎝, 길이 63㎝, 어깨너비 56.5㎝, 소매길이 49㎝, 화장 77㎝

뜨는 법 ※[ ] 안은 L사이즈의 콧수, 단수
실은 1가닥으로, 지정 호수의 바늘로 뜬다.

• 앞·뒤 몸판 뜨기

6호 바늘로 손가락으로 걸어 만드는 시작코를 113코[121코] 잡는다. 계속해서 가터뜨기로 14단[16단], 메리야스뜨기로 70단[78단], 가터뜨기로 4단 뜬다. 7호 바늘로 바꾸어 첫 단에서 140코[151코]로 늘린다. 메리야스뜨기 , 무늬뜨기로 60단[64단] 뜬다. 소매아래 막음 위치에 마커를 끼워 둔다. 어깨는 18단을 경사뜨기하고 쉼코로 둔다. 목둘레를 덮어씌워 코막음하고 코줄임하며 뜬다. 어깨선을 빼뜨기 잇기로 잇는다. 슬릿막음에서 소매아래 막음까지 떠서 꿰매기 한다.

• 목둘레 뜨기

목둘레는 앞에서 72코[73코], 뒤에서 56코[57코]를 주워 5호바늘로 1코 고무뜨기(원통뜨기)로 9단 뜬다. 1코 고무뜨기 코막음(원통뜨기)한다.

• 소매 뜨기

진동 둘레에서 78코 [82코]를 주워, 6호 바늘로 메리야스뜨기(원통뜨기)로 뜬다. 소매 옆선의 코줄임을 하며 116단 뜬다. 5호 바늘로 바꾸어 첫 단은 겉뜨기, 2번째 단에서 1코 고무뜨기로 뜨면서 48코 [52코]로 코줄임을 하고, 27단 뜬다. 1코 고무뜨기 코막음(원통뜨기)한다.

포인트

소매통이 좁은 편이기 때문에 길이를 길게 하여 움직이기 쉽도록 하였다. 소매가 너무 긴 경우에는 메리야스뜨기의 코늘림 없는 부분, 1코 고무뜨기 부분의 길이를 조정한다.

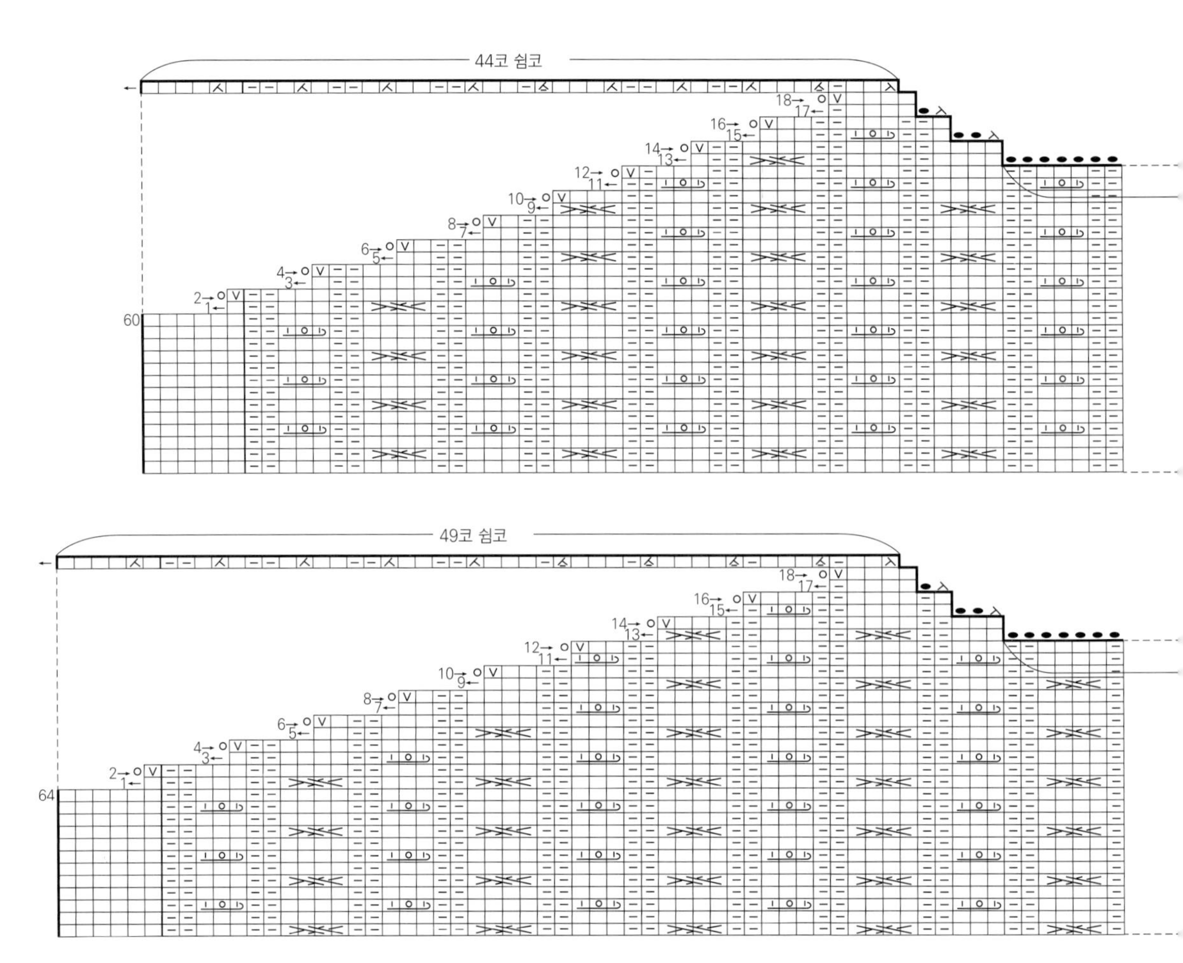
44코 쉼코
60
49코 쉼코
64

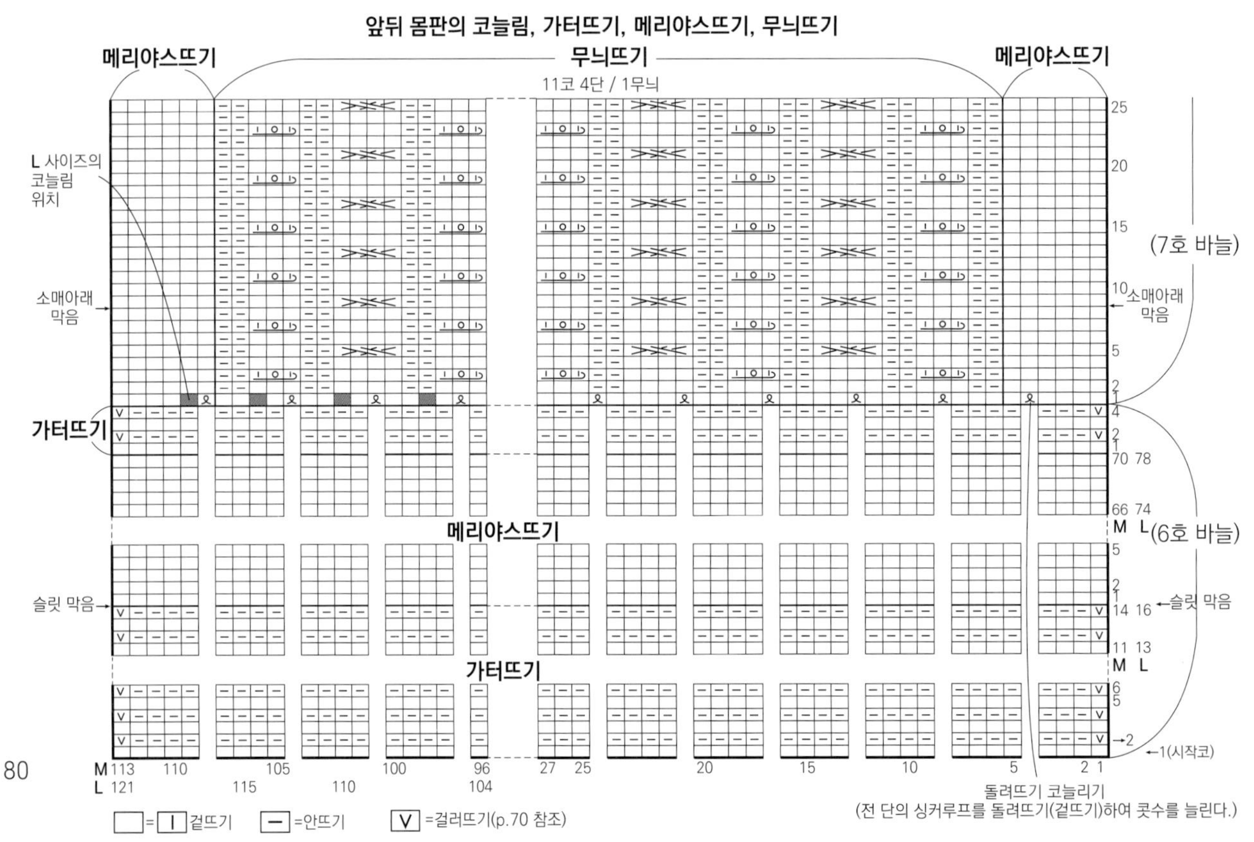
앞뒤 몸판의 코늘림, 가터뜨기, 메리야스뜨기, 무늬뜨기
메리야스뜨기
무늬뜨기
11코 4단 / 1무늬
메리야스뜨기
L 사이즈의 코늘림 위치
소매아래 막음
가터뜨기
(7호 바늘)
소매아래 막음
메리야스뜨기
M L
(6호 바늘)
슬릿 막음
슬릿 막음
가터뜨기
1(시작코)
M 113 110 105 100 96 27 25 20 15 10 5 2 1
L 121 115 110 104
돌려뜨기 코늘리기
(전 단의 싱커루프를 돌려뜨기(겉뜨기)하여 콧수를 늘린다.)
= 겉뜨기
= 안뜨기
= 걸러뜨기(p.70 참조)

뒤 몸판 어깨의 경사뜨기와 목둘레
M 사이즈

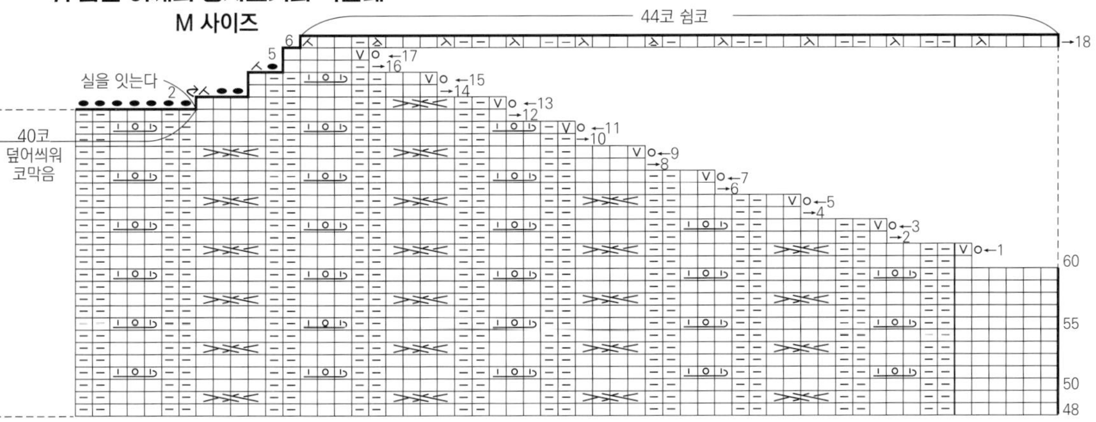

뒤 몸판 어깨의 경사뜨기와 목둘레
L 사이즈

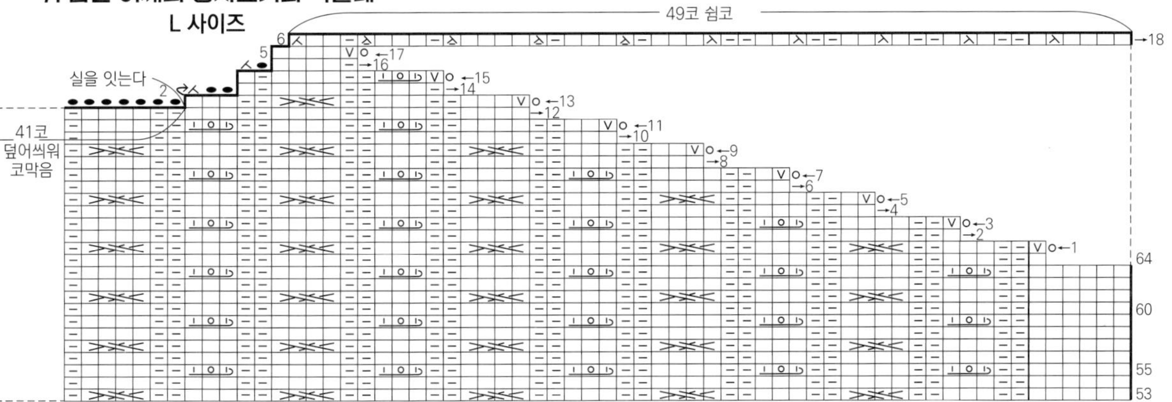

3코 덮어 매듭뜨기(왼코 덮기)

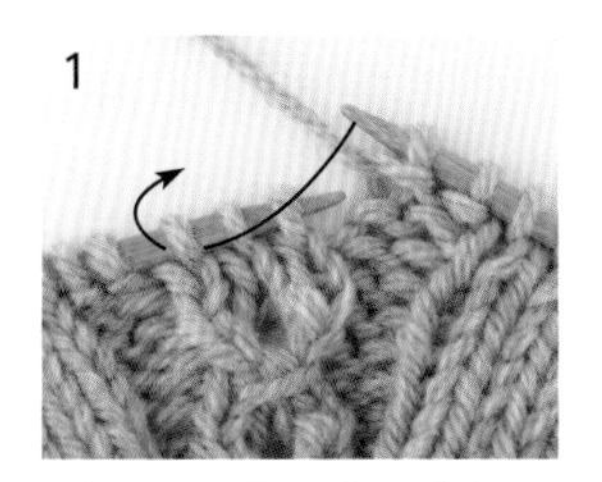

1 3번째 코를 오른쪽 바늘로 화살표 방향으로 줍는다.

2 오른쪽의 2코에 덮어씌운다.

3 덮어씌운 모습

4 겉뜨기, 걸어뜨기의 순서로 뜬다.

5 마지막으로 겉뜨기 한다.
3코 덮어 매듭뜨기(왼코 덮기) 완성.

6 3코 덮어 매듭뜨기(왼코 덮기)의 단 끝까지 뜬 모습.

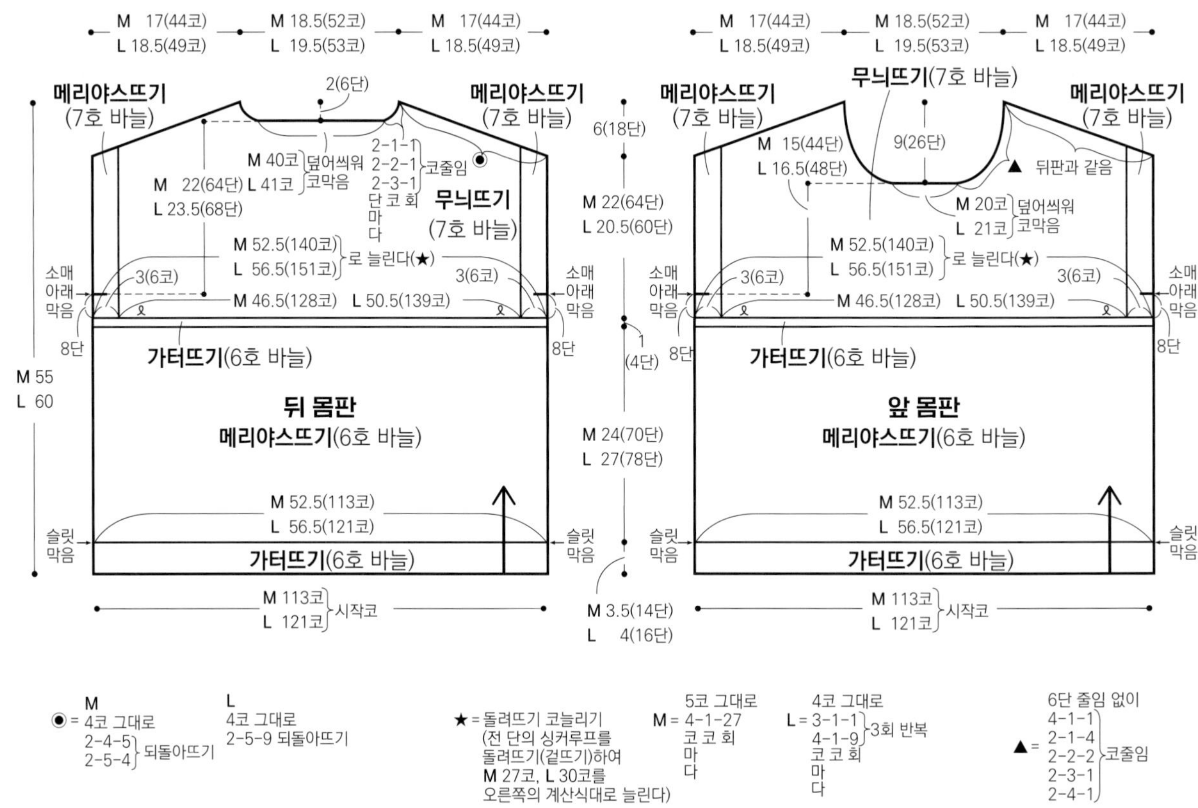

M 17(44코)
L 18.5(49코)
M 18.5(52코)
L 19.5(53코)
M 17(44코)
L 18.5(49코)
메리야스뜨기
(7호 바늘)
2(6단)
M 40코
L 41코
덮어씌워
코막음
2-1-1
2-2-1
2-3-1
단 코 회
마
다
코줄임
M 22(64단)
L 23.5(68단)
무늬뜨기
(7호 바늘)
M 52.5(140코)
L 56.5(151코)
로 늘린다(★)
3(6코)
소매
아래
막음
M 46.5(128코) L 50.5(139코)
8단
가터뜨기(6호 바늘)
M 55
L 60
뒤 몸판
메리야스뜨기(6호 바늘)
M 52.5(113코)
L 56.5(121코)
슬릿
막음
가터뜨기(6호 바늘)
M 113코
L 121코
시작코
6(18단)
M 22(64단)
L 20.5(60단)
1
(4단)
M 24(70단)
L 27(78단)
M 3.5(14단)
L 4(16단)
무늬뜨기(7호 바늘)
M 15(44단)
L 16.5(48단)
9(26단)
뒤판과 같음
M 20코
L 21코
덮어씌워
코막음
앞 몸판
M
= 4코 그대로
2-4-5
2-5-4
되돌아뜨기
L
4코 그대로
2-5-9 되돌아뜨기
★=돌려뜨기 코늘리기
(전 단의 싱커루프를
돌려뜨기(겉뜨기)하여
M 27코, L 30코를
오른쪽의 계산식대로 늘린다)
M = 5코 그대로
4-1-27
코 코 회
마
다
L = 4코 그대로
3-1-1
4-1-9
3회 반복
코 코 회
마
다
▲ = 6단 줄임 없이
4-1-1
2-1-4
2-2-2
2-3-1
2-4-1
코줄임

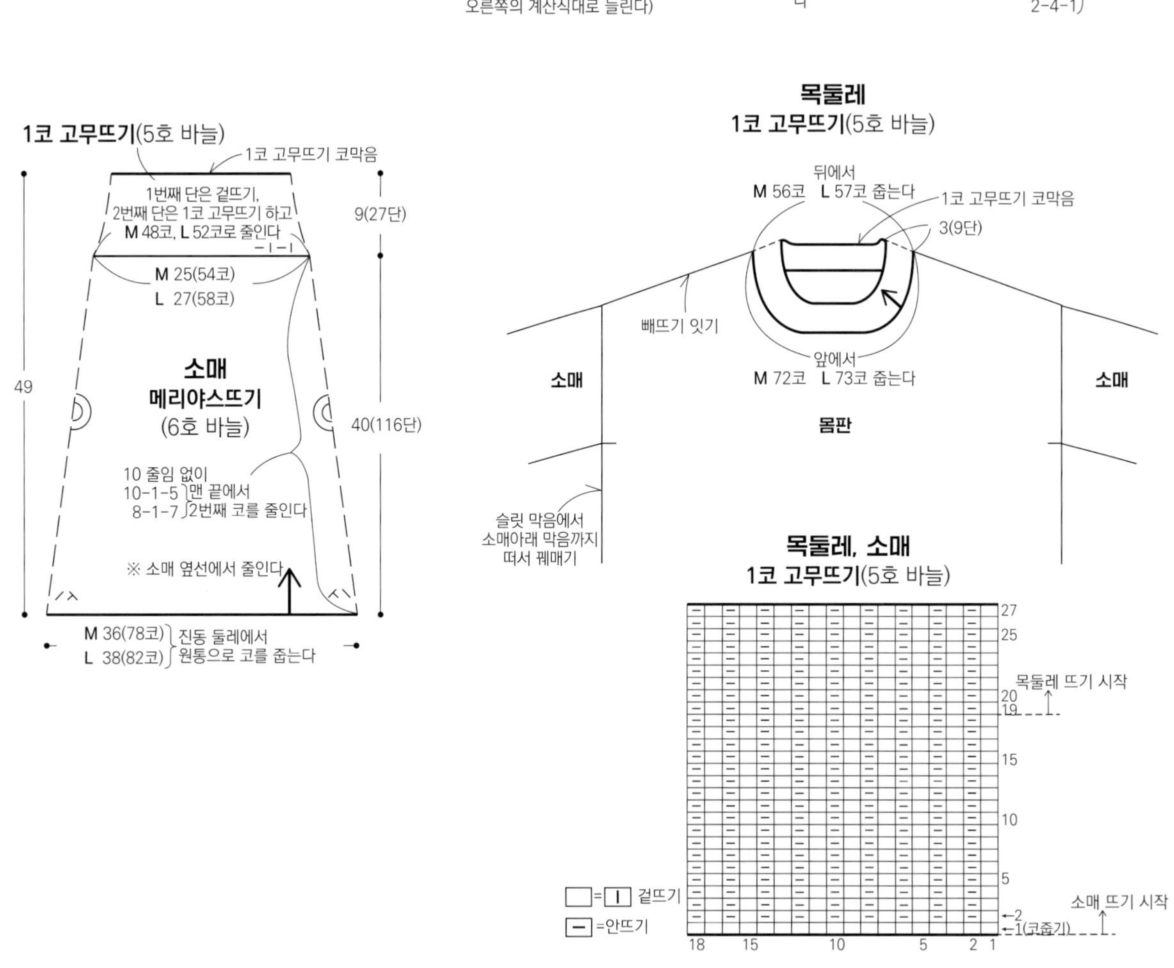

1코 고무뜨기(5호 바늘)
1코 고무뜨기 코막음
1번째 단은 겉뜨기,
2번째 단은 1코 고무뜨기 하고
M 48코, L 52코로 줄인다
9(27단)
M 25(54코)
L 27(58코)
49
소매
메리야스뜨기
(6호 바늘)
40(116단)
10 줄임 없이
10-1-5
8-1-7
맨 끝에서
2번째 코를 줄인다
※ 소매 옆선에서 줄인다
M 36(78코)
L 38(82코)
진동 둘레에서
원통으로 코를 줍는다
목둘레
1코 고무뜨기(5호 바늘)
뒤에서
M 56코 L 57코 줍는다
1코 고무뜨기 코막음
3(9단)
빼뜨기 잇기
앞에서
M 72코 L 73코 줍는다
소매
몸판
소매
슬릿 막음에서
소매아래 막음까지
떠서 꿰매기
목둘레, 소매
1코 고무뜨기(5호 바늘)
27
25
20
19
목둘레 뜨기 시작
15
10
5
2
1(코줍기)
소매 뜨기 시작
18 15 10 5 2 1
= 겉뜨기
= 안뜨기

p.27

플러피 비니

재료 [다루마] LOOP 미색(1) 45g,
에어리울알파카 미색(1) 10g

도구 10호(5.1㎜) 40㎝ 줄바늘, 짧은 막대바늘 4개(매직루프(p.41 참조)로 뜰 때에는10호 80㎝ 줄바늘), 9호(4.8㎜) 40㎝ 줄바늘

게이지 가터뜨기 14코 18.5단 / 10㎝×10㎝

완성 치수 머리둘레 53.5㎝, 높이 23.5㎝

뜨는 법

실은 지정된 가닥, 종류, 바늘은 지정된 호수로 뜬다.

에어리울알파카(이하 울알파카) 2가닥을 한 번에 잡아 9호 바늘로 손가락으로 걸어 만드는 시작코를 100코 잡아 원통으로 만든다. 계속해서 1코 고무뜨기를 6단 뜬다. LOOP 1가닥, 10호 바늘로 바꾸어 가터뜨기로 22단 뜨는데 2번째 단에서 75코로 줄인다. 계속해서 코를 줄여가며 17단 뜬다. 마지막 단의 10코에 실을 2바퀴 통과시켜 조인다.

포인트

꼬불꼬불한 LOOP는 코를 통과하기 어려우므로 마지막 단에 끼우는 실은 곧은 울알파카로 바꾸어도 좋다.

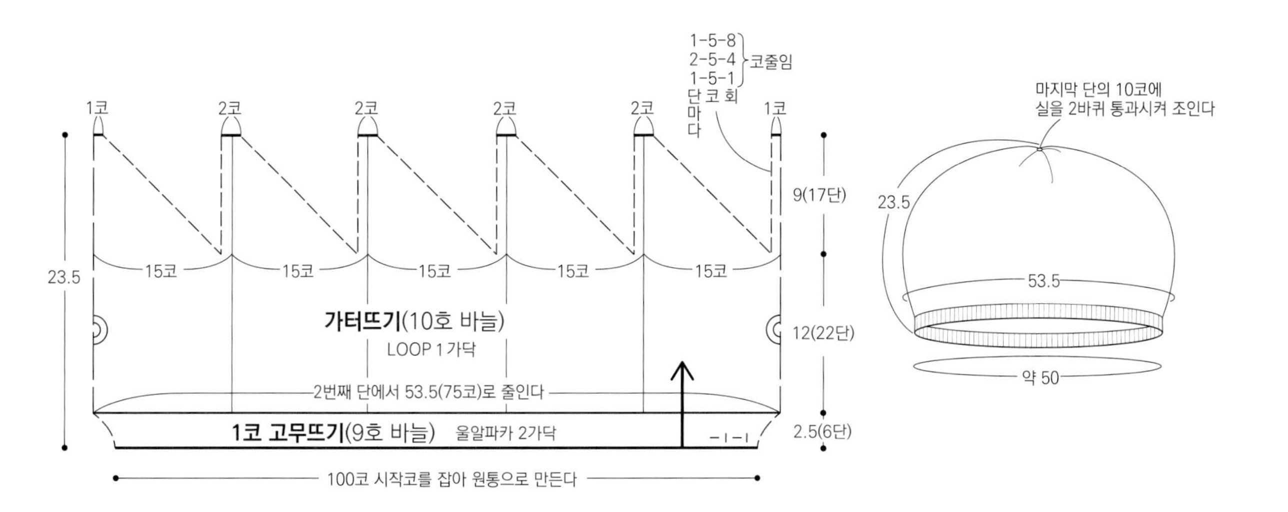

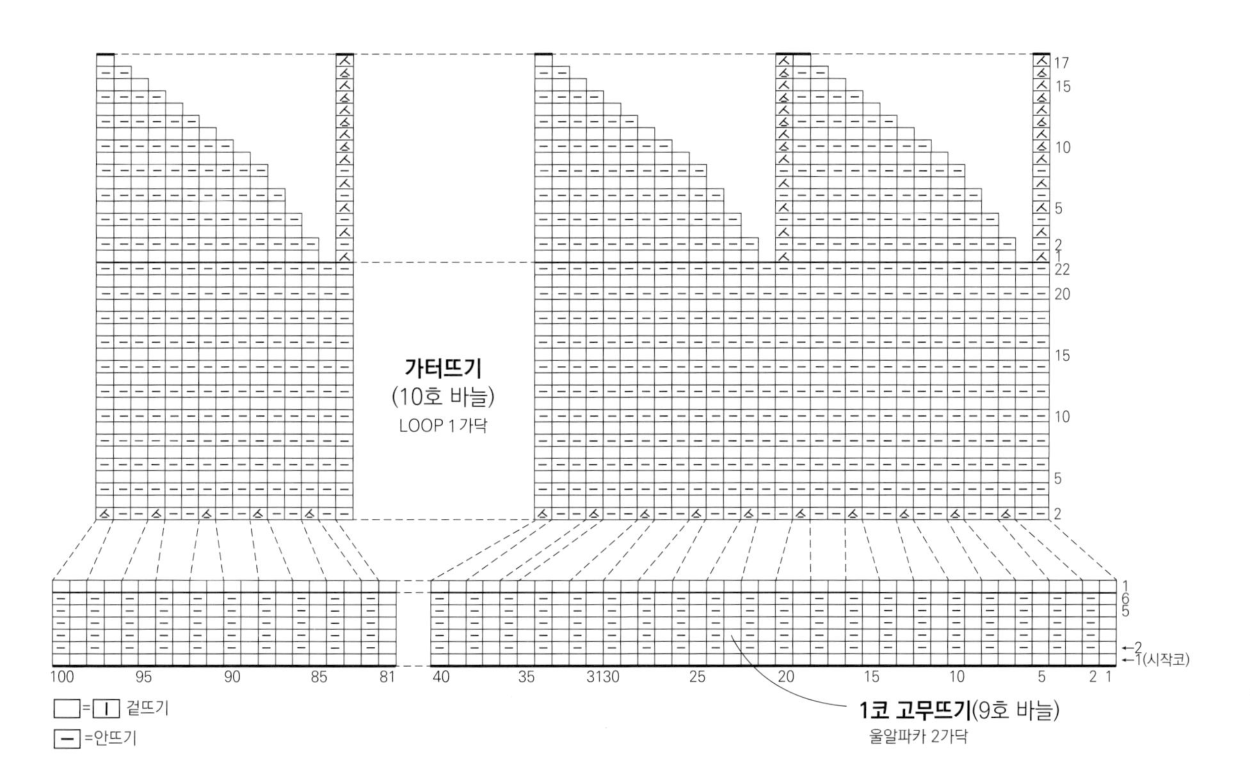

p.22 숄 카디건

<u>재료</u> [다루마] 에어리울알파카 라이트그레이(7) 390g,
실크모헤어 미색(1) 220g

<u>도구</u> 6호(3.9㎜) 80㎝ 줄바늘
(줄바늘로 평면뜨기, 매직루프(p.41 참조))

<u>게이지</u> 메리야스뜨기 19.5코 28단 / 10㎝×10㎝

<u>완성 치수</u> 길이 70㎝, 어깨너비 45㎝, 소매길이43.5㎝,
화장(뒷목 중심~소맷부리)66㎝)

뜨는 법

에어리울알파카 1가닥, 실크모헤어 2가닥을 한 번에 잡아 3가닥으로 뜬다.

・앞·뒤 몸판 뜨기

별 사슬에서 줍는 시작코를137코 잡는다. 계속해서 멍석뜨기로 4단, 멍석뜨기와 메리야스뜨기로 358단, 멍석뜨기로 3단 뜬다. 중간에 진동 둘레 부분에 보조실을 떠넣는다(p.38 참조). 마지막엔 덮어씌우기 코막음 한다. 별 사슬을 풀어내고 137코를 줍는다. 실을 이어서 안쪽에서 겉뜨기하면서 덮어씌우기 코막음 한다.

・소매 뜨기

몸판의 보조실을 풀어, 소매의 코를 93코 원통으로 줍는다(p.38, 39 참조). 2번째 단에서 91코로 줄여서(p.39 참조), 소매 옆선의 코를 줄여가며 메리야스뜨기(원통뜨기)로 119단 뜬다.계속해서 멍석뜨기로 3단 뜬다. 마지막 단은 덮어씌우기 코막음 한다. 또 다른 쪽도 같은 요령으로 코를 주워 뜬다.

포인트

전체적인 균형을 생각해 소매가 조금 짧게 되어 있다. 사이즈를 조정할 때에는 입는 사람의 어깨너비가 되는 부분(몸판의 진동 둘레와 진동 둘레 사이의 단수)를 늘리거나 줄여서 조절한다.

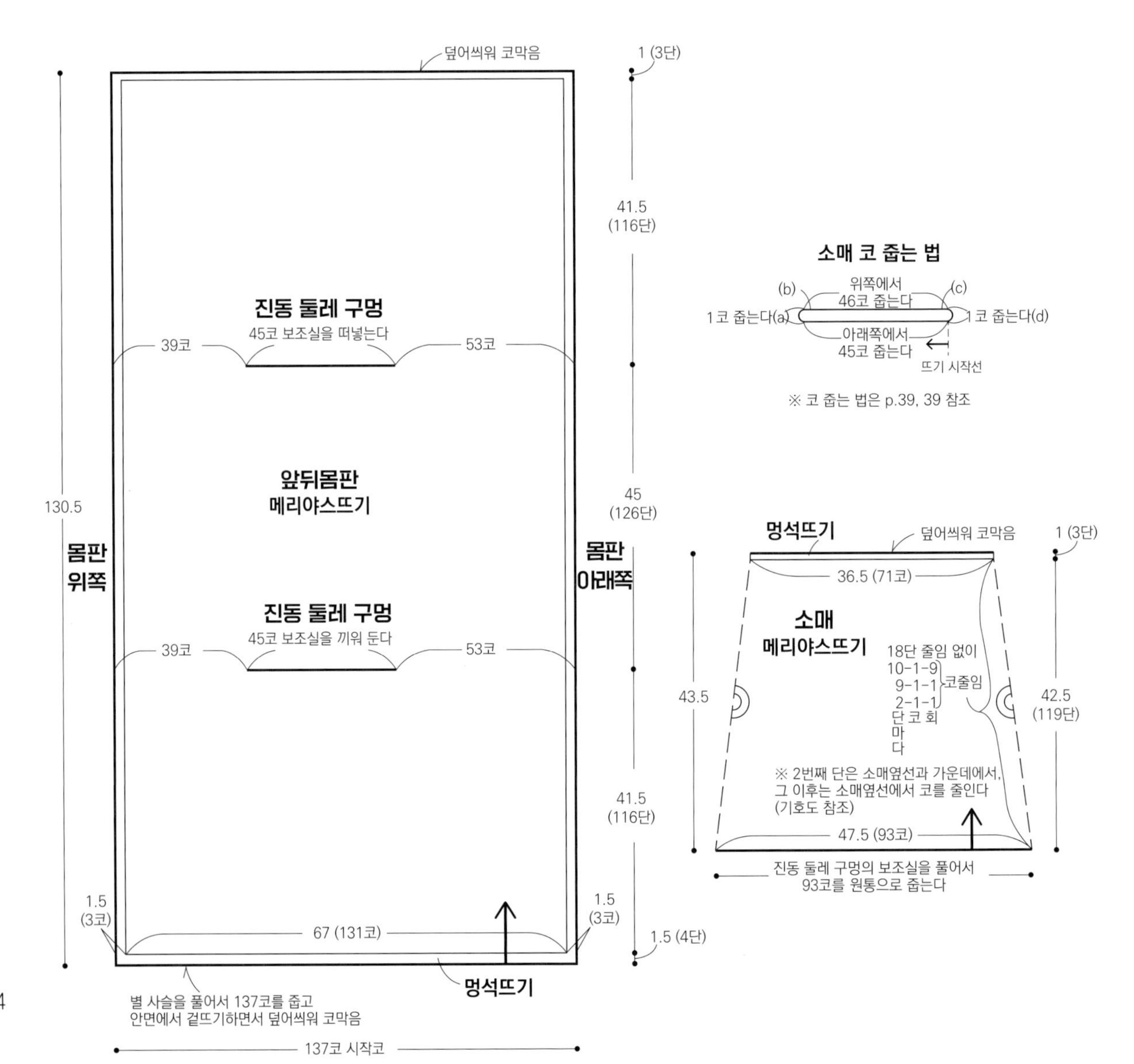

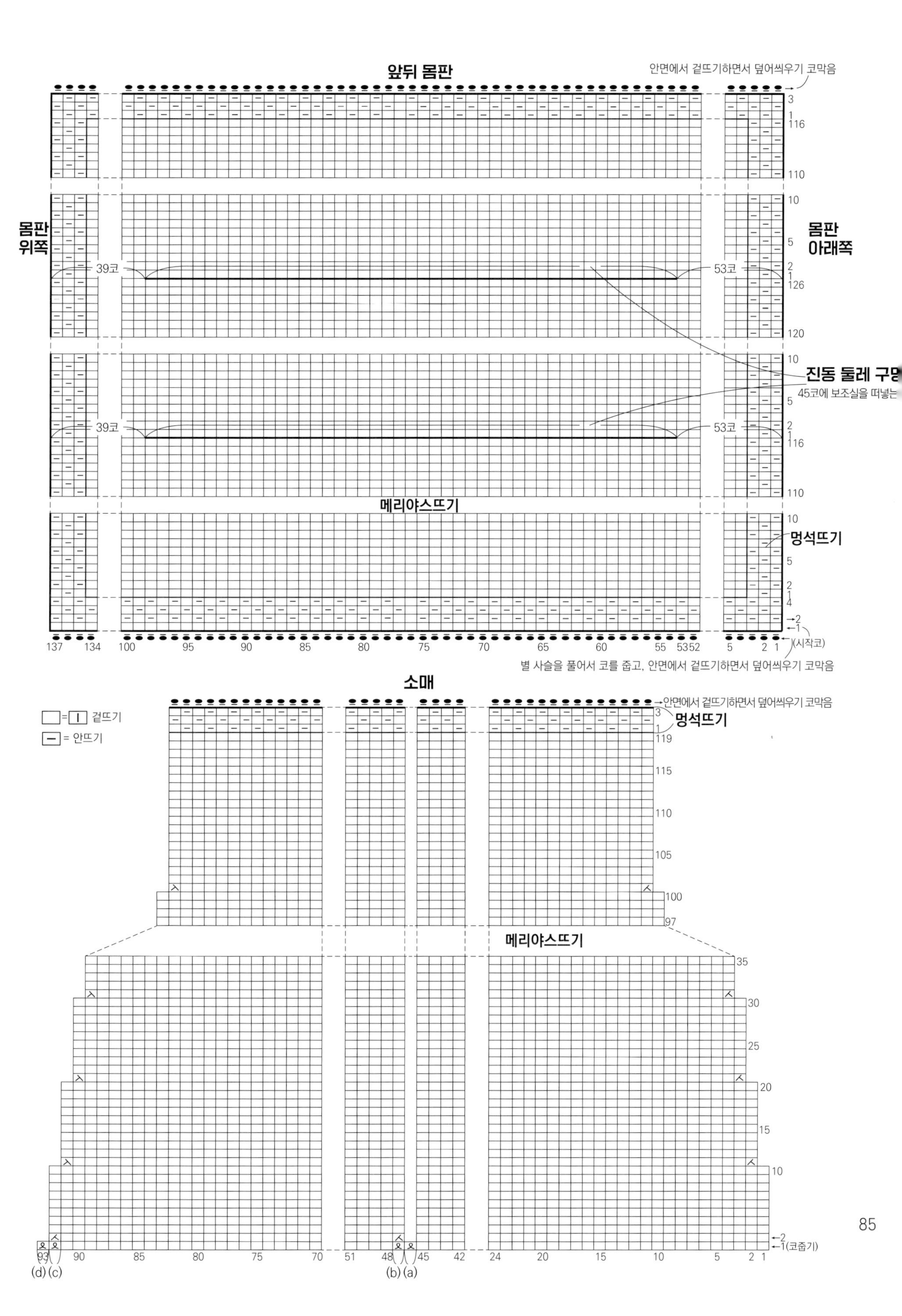
앞뒤 몸판
안면에서 겉뜨기하면서 덮어씌우기 코막음
몸판 위쪽
몸판 아래쪽
39코
53코
진동 둘레 구멍
45코에 보조실을 떠넣는
메리야스뜨기
멍석뜨기
(시작코)
137 134 100 95 90 85 80 75 70 65 60 55 53 52 5 2 1
별 사슬을 풀어서 코를 줍고, 안면에서 겉뜨기하면서 덮어씌우기 코막음
소매
안면에서 겉뜨기하면서 덮어씌우기 코막음
멍석뜨기
□ = | 겉뜨기
— = 안뜨기
메리야스뜨기
1(코줍기)
93 90 85 80 75 70 51 48 45 42 24 20 15 10 5 2 1
(d) (c) (b) (a)

p.28 **알파카 미니멈 베스트**

재료 [퍼피]챠스카 그레이(41) M사이즈 340g, L사이즈 400g
도구 6호(3.9㎜), 4호(3.3㎜) 80㎝ 줄바늘, 4호 40㎝ 줄바늘
게이지 메리야스뜨기 22코 28단 / 10㎝×10㎝
완성 치수 M사이즈 가슴둘레 98㎝, 길이 61.5㎝, 어깨너비 41㎝
L사이즈 가슴둘레 104㎝, 길이 68.5㎝, 어깨너비 44㎝

뜨는 법 ※[ ] 안은 L사이즈의 콧수, 단수.
실은 1가닥으로, 지정 호수의 바늘로 뜬다.

・앞·뒤 몸판 뜨기
4호 바늘로 손가락으로 걸어 만드는 시작코를 216코[228코] 잡아 원통으로 만든다. 계속해서 돌려뜨기 1코 고무뜨기로 24단[27단] 뜬다. 6호 바늘로 바꾸어 메리야스뜨기로 70단[80단] 뜬다. 소매 아래선에 보조실을 꿰어 두고 앞뒤 몸판으로 나눈다. 각각 평면뜨기(줄바늘로 평면뜨기(p.41 참조))로 진동 둘레의 코줄임을 해가며 메리야스뜨기로 66단[72단] 뜬다. 목둘레를 덮어씌워 코막음 하고 코줄임 하며 뜬다. 어깨는 9단 경사뜨기 하고 쉼코로 둔다.

・마무리
어깨선을 빼뜨기 잇기로 잇는다. 목둘레, 진동 둘레에서 코를 주워 4호 바늘로 돌려뜨기 1코 고무뜨기(원통뜨기)로 뜬다. 목둘레는 7단[8단], 진동 둘레는 8단[9단] 뜬다. 마지막에는 덮어씌워 코막음 한다.

포인트
목둘레나 진동 둘레의 테두리는 늘어짐 방지를 겸하여 덮어씌우기 코막음 한다. 목둘레는 머리가 들어가는지 확인한다.

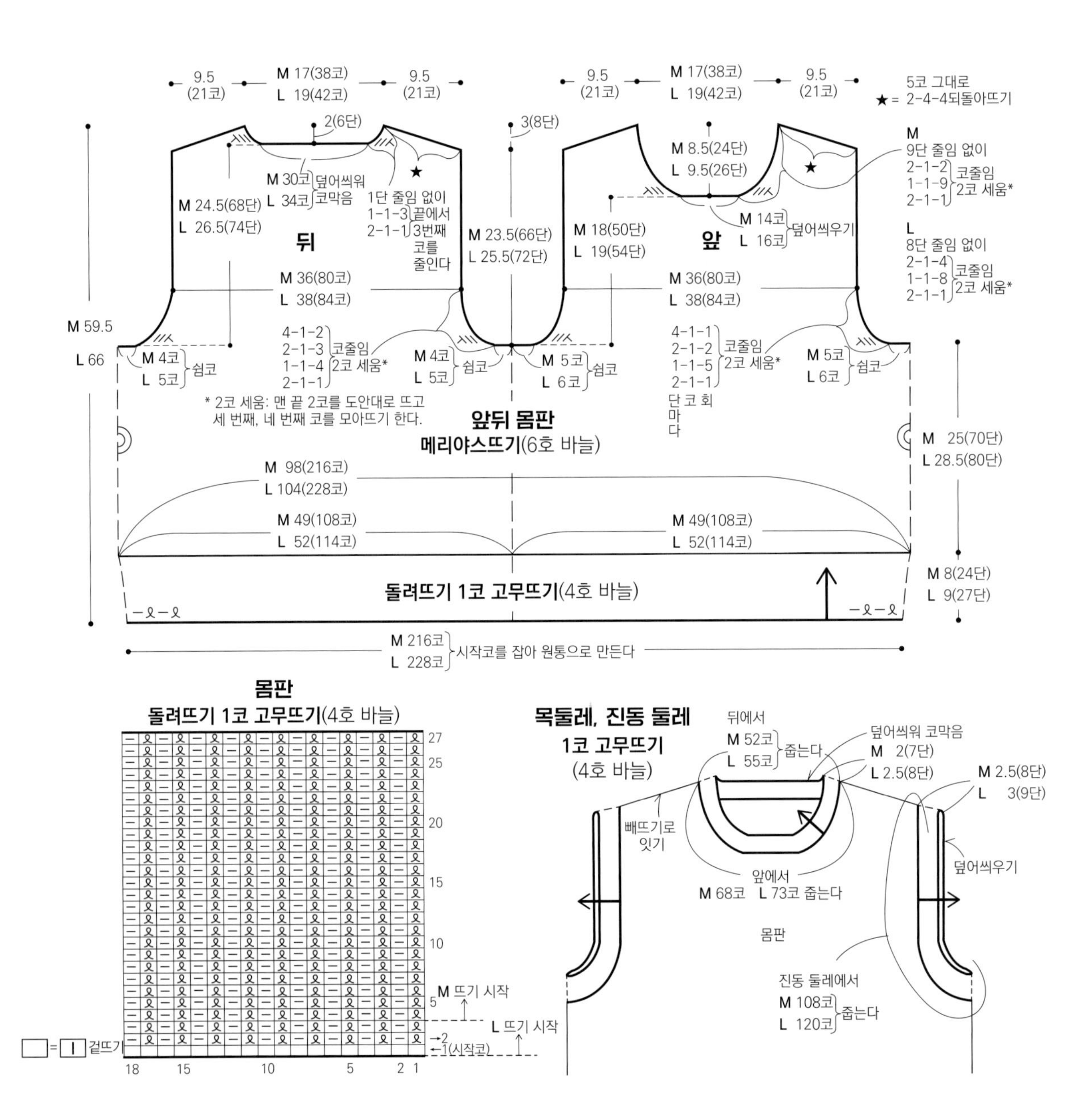

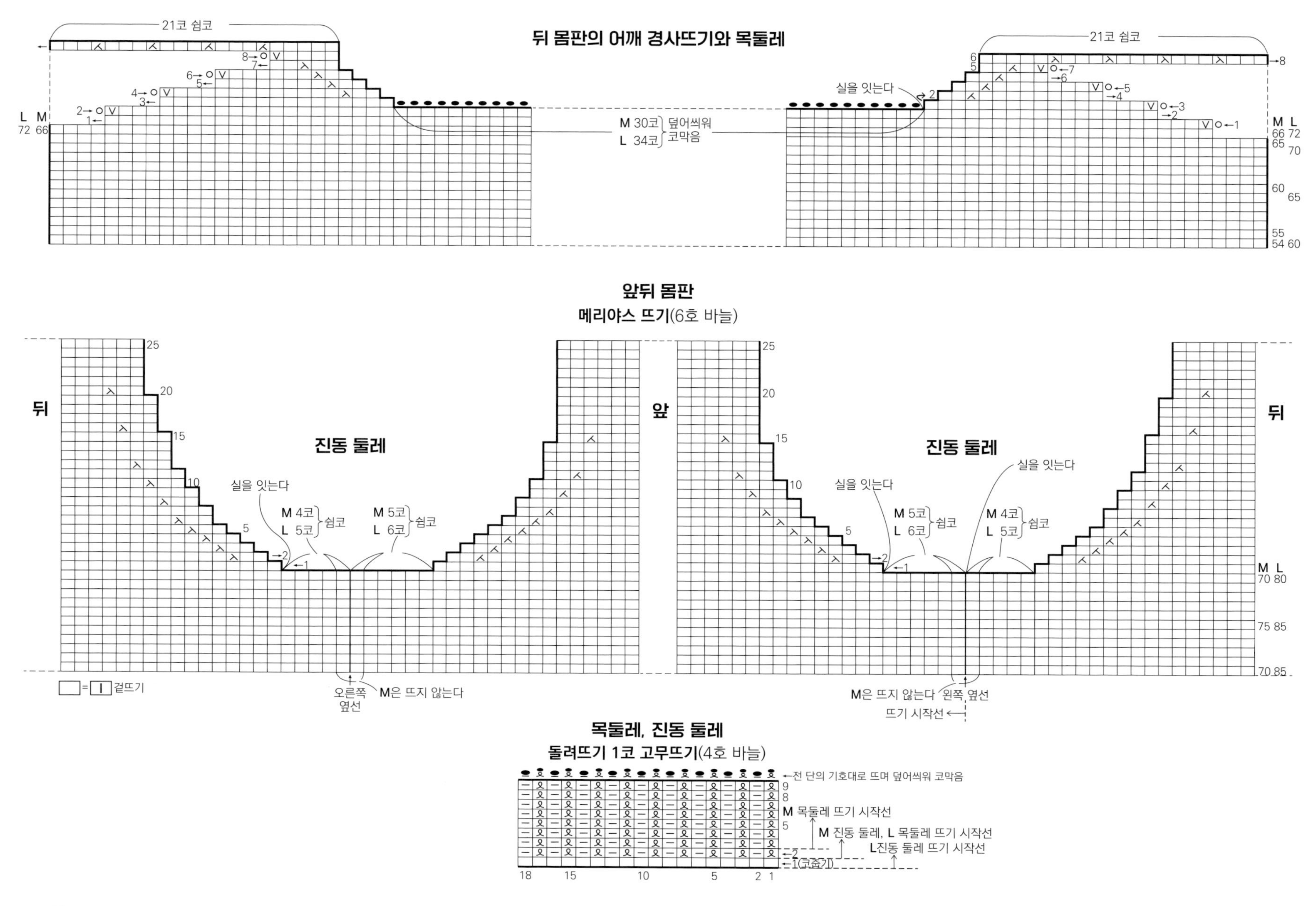
뒤 몸판의 어깨 경사뜨기와 목둘레
21코 쉼코
M 30코 L 34코 덮어씌워 코막음
실을 잇는다
앞뒤 몸판
메리야스 뜨기(6호 바늘)
뒤
앞
진동 둘레
실을 잇는다
M 4코 L 5코 쉼코
M 5코 L 6코 쉼코
오른쪽 옆선
M은 뜨지 않는다
왼쪽 옆선
뜨기 시작선
= 겉뜨기
목둘레, 진동 둘레
돌려뜨기 1코 고무뜨기(4호 바늘)
전 단의 기호대로 뜨며 덮어씌워 코막음
M 목둘레 뜨기 시작선
M 진동 둘레, L 목둘레 뜨기 시작선
L진동 둘레 뜨기 시작선
1(코줍기)

P.29 브리오슈 레그워머

재료 [다루마] 랑부예메리노울 에버그린(4) 100g,
그레이프(8) 10g

도구 5호(3.6㎜)짧은 막대바늘 5개
(매직루프(p.41 참조)로 뜰 때에는 5호 80㎝ 줄바늘)

게이지 브리오슈 뜨기 24코 50단 / 10㎝×10㎝

완성 치수 둘레 20㎝, 길이 35㎝

뜨는 법

실은 1가닥으로 지정된 배색으로 뜬다.
에버그린색 실로 손가락으로 걸어 만드는 코(p.89 '손가락으로 걸어 만드는 코 - 엄지에 2가닥 걸어 코잡기' 참조)로 48코를 잡아 원통으로 만든다. 계속해서 브리오슈 뜨기 (p.89 참조)로 176단 뜬다. 마지막에 그레이프색 실을 한가닥 더하여 2가닥으로 덮어씌우기 코막음(p.40의 '신축성 있는 코막음' 참조) 한다. 같은 조각을 1쪽 더 뜬다.

포인트

시작코, 덮어씌우기의 실을 2가닥으로 하는 것은 뜨개바탕의 두께와 균형을 이루게 하려는 이유이다. 단수보다 완성 길이를 우선 순위에 두고 만들면 착용감이 좋은 레그워머가 된다.

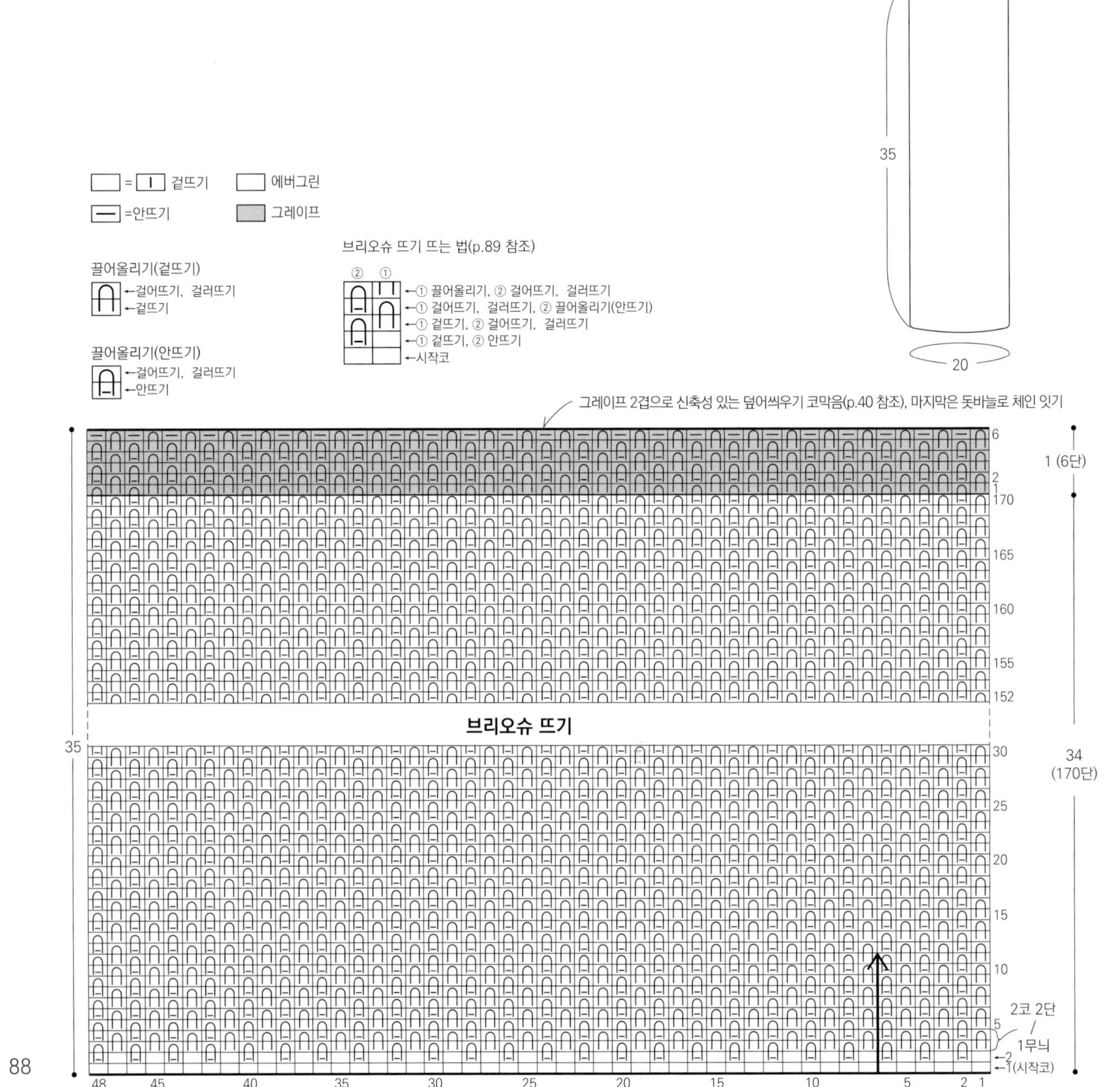

손가락으로 걸어 만드는 코 - 엄지에 2가닥 걸어 코잡기

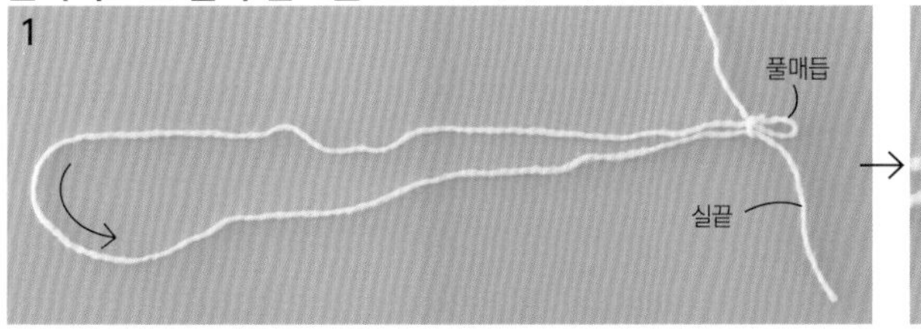

원을 만들어 풀매듭을 만든다. 실끝을 매듭코의 가운데에 넣고, 매듭코를 조인다.

※ 실끝을 한 번 접기 때문에 통상(완성 치수의 약3배)의 배(작품에서는 약 1.2m)의 길이를 남기고 묶는다.

※ 풀매듭 = '손가락으로 걸어 만드는 코'의 첫 시작 1코를 잡는 방법으로 만든다.

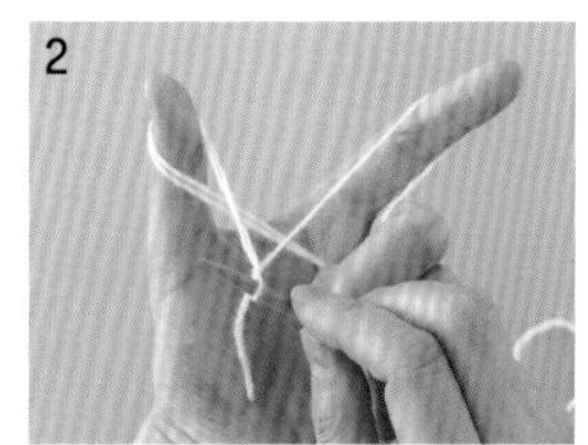

코에 바늘을 넣고 손가락에 실을 건다. 엄지손가락쪽에 2가닥이 걸려있는 상태로 '손가락으로 걸어 만드는 시작코'를 잡는다.

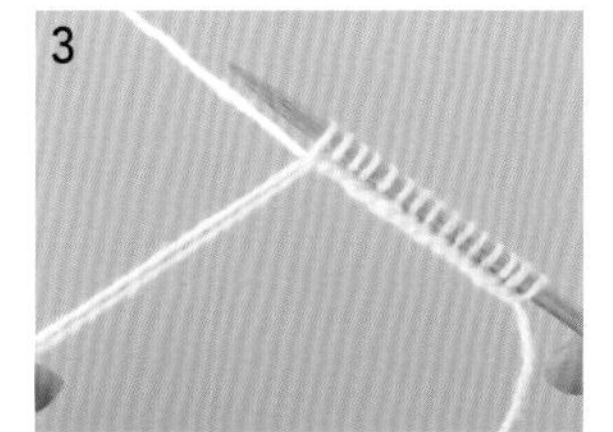

시작코를 잡은 상태. 2가닥으로 만들어 시작코의 끝이 도톰하고 탄탄하다.

아메리칸 식으로 뜰 때 브리오슈 뜨기 뜨는 법 프랑스식(콘티넨털)은 p.88의 기호도를 참조하여 뜬다.

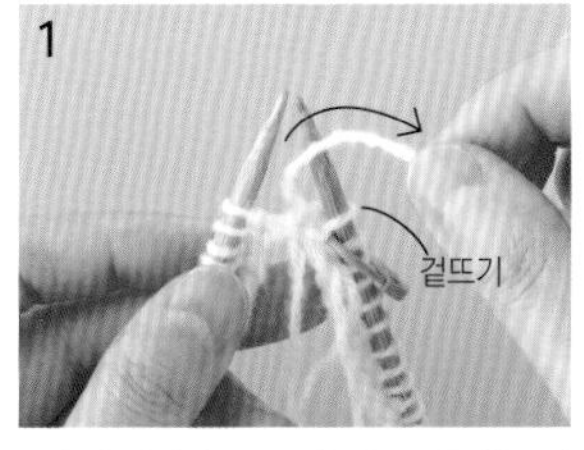

2번째 단까지 p.88의 기호도를 참조하여 뜬다. 3번째 단은 단수마커(콧수링)을 끼우고 겉뜨기를 1코 뜬다. 실을 앞쪽으로 옮긴다.

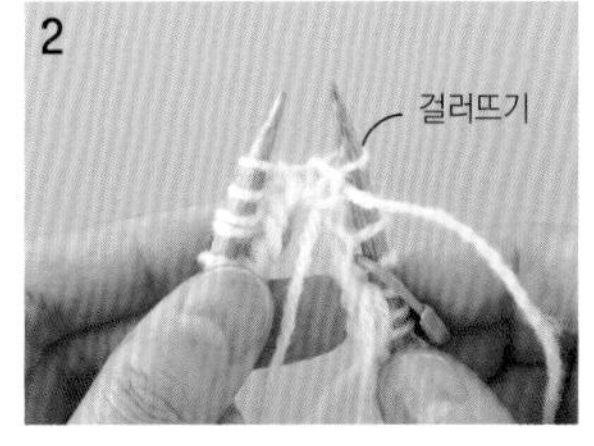

걸러뜨기 한다.

겉뜨기로 1코 뜬다.

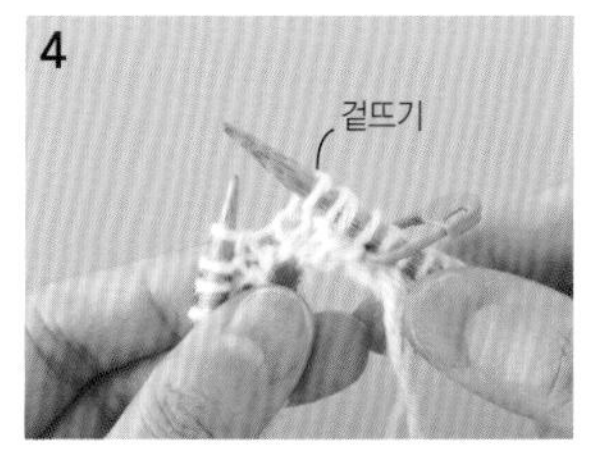

겉코가 떠졌다. **1**에서 앞쪽으로옮겼던 실이 저절로 오른 바늘에 걸려 걸기코처럼 되었다. **1~3**을 반복한다.

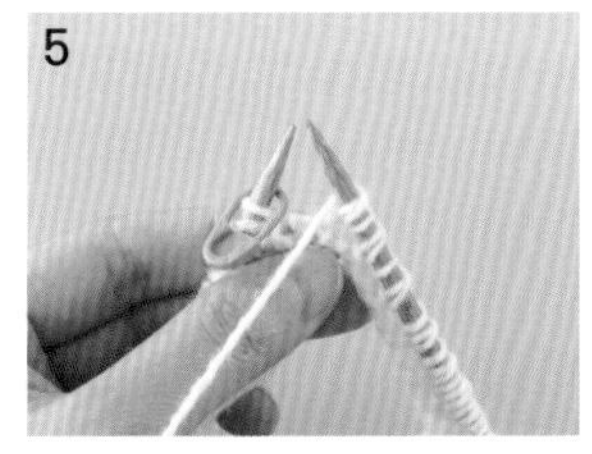

3번째 단의 마지막에서 실을 앞쪽으로 옮긴다.

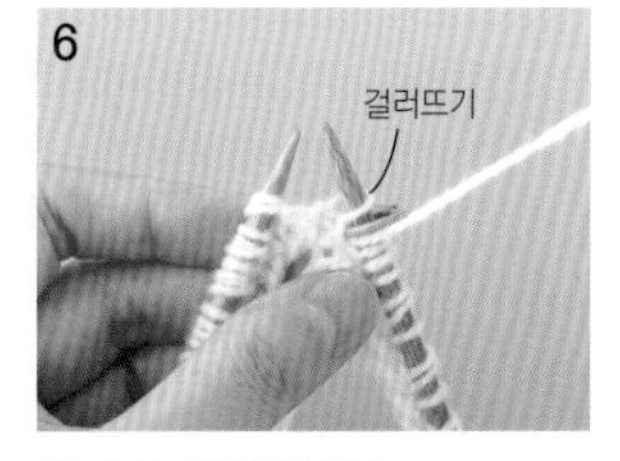

4번째 단. 걸러뜨기 한다.

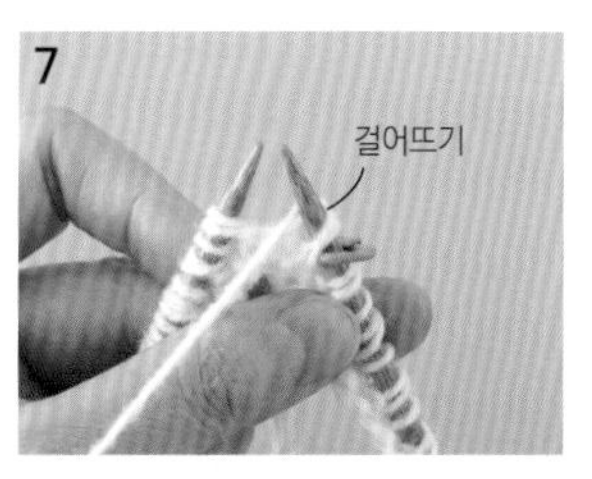

걸어뜨기 한다.

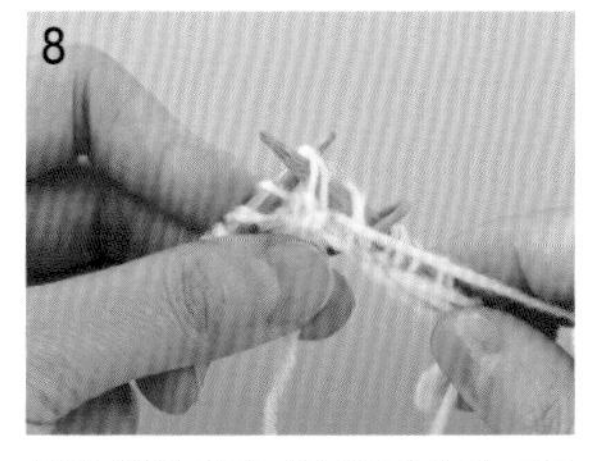

끌어올리기 한다. (이 상태에서 안뜨기를 하면 끌어올리기(안뜨기)가 된다)

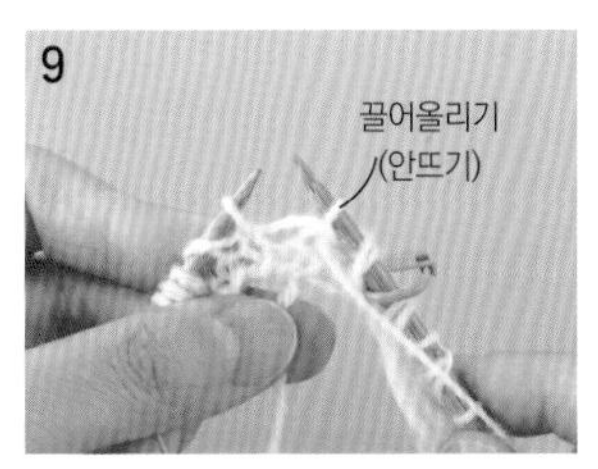

끌어올리기(안뜨기)가 떠졌다. **6~8**을 반복한다.

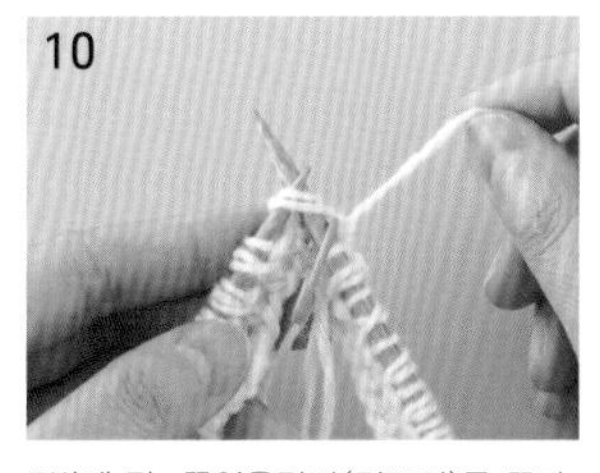

5번째 단. 끌어올리기(겉뜨기)를 뜬다. (이 상태에서 겉뜨기를 하면 끌어올리기(겉뜨기)가 된다)

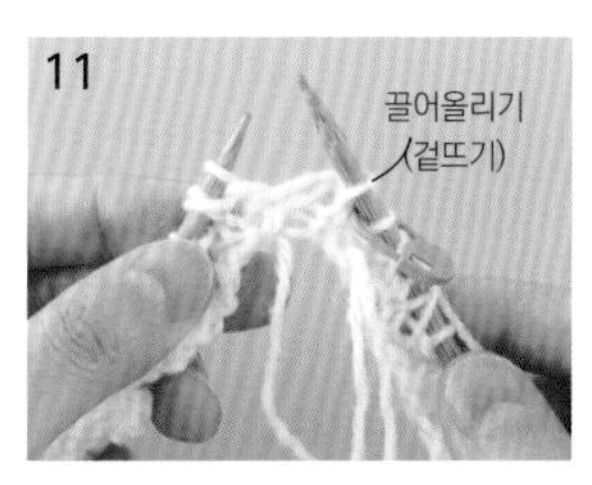

끌어올리기(겉뜨기)가 떠진 모습.

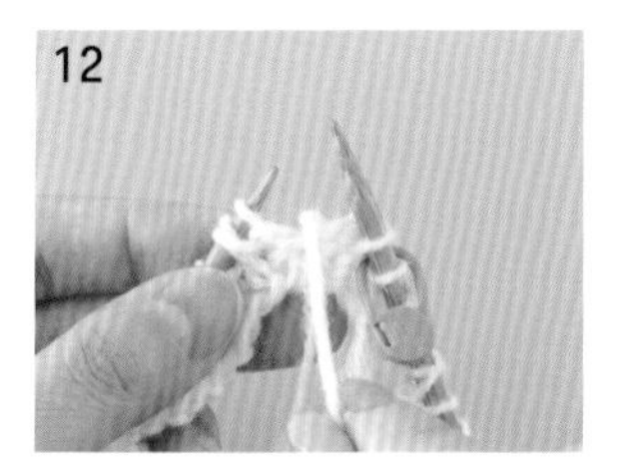

실을 앞쪽으로 옮긴다.

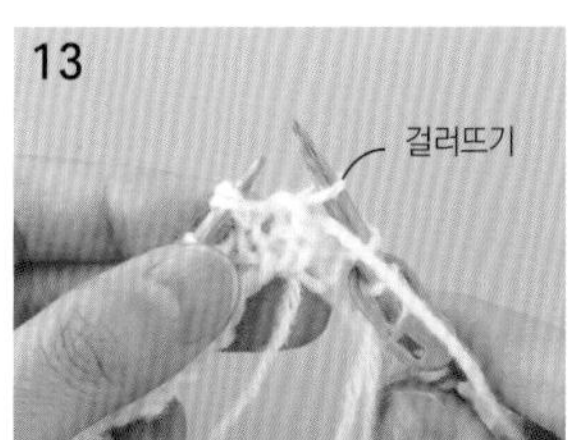

걸러뜨기 한다.

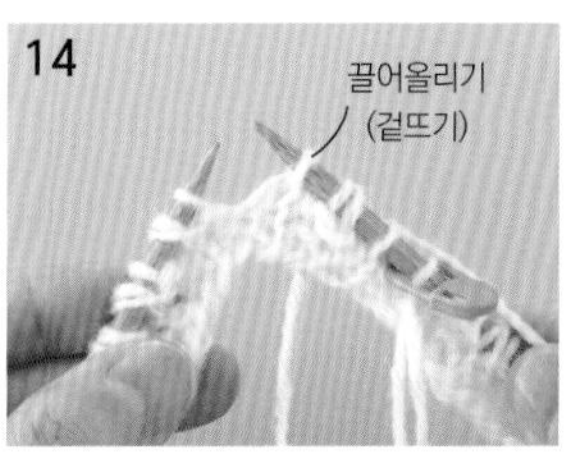

끌어올리기(겉뜨기)를 뜬다 **12~14**를 반복한다.

4번째, 5번째 단을 반복하여 뜬다. 도톰한 고무뜨기가 떠진다.

기본 기법

시작코

[손가락으로 걸어 만드는 코]

1

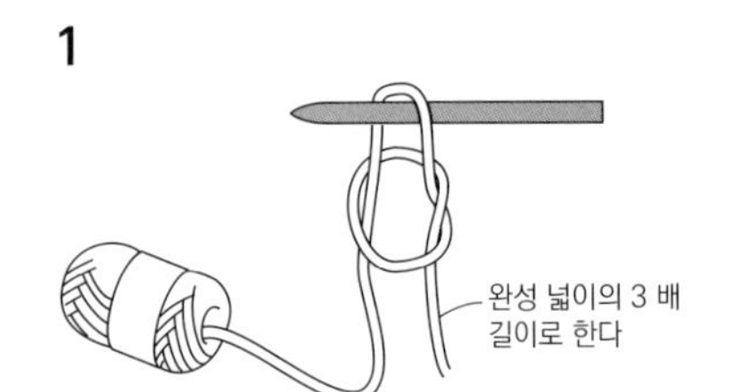

첫 코를 손가락으로 만들어 바늘에 옮기고, 실을 당긴다.

2

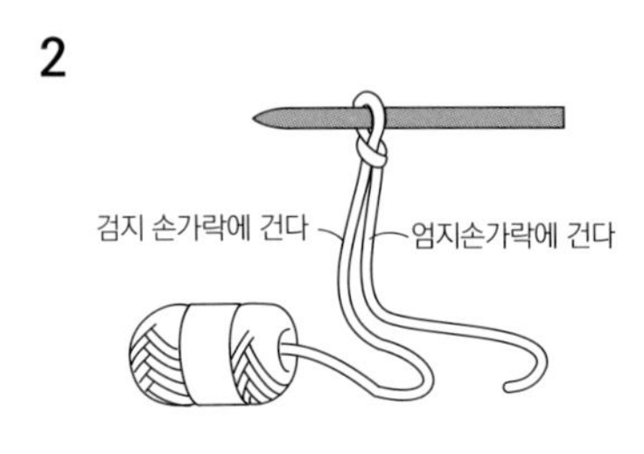

한 코 완성

3

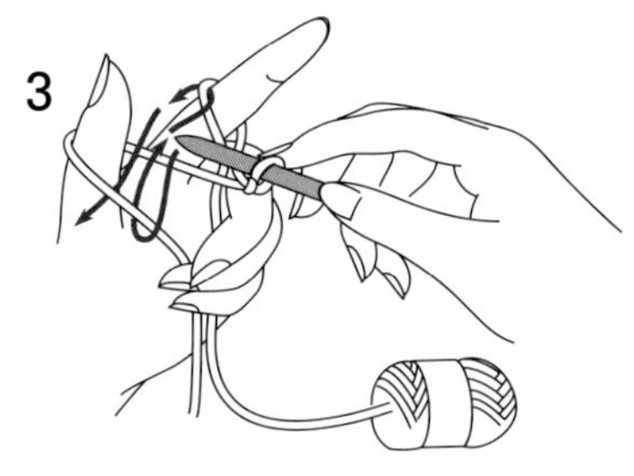

화살표와 같이 바늘을 넣어 실을 걸어 잡아당긴다.

4

엄지손가락에 걸린 실을 일단 빼내고, 화살표와 같이 바늘을 고쳐 넣어 조인다.

5

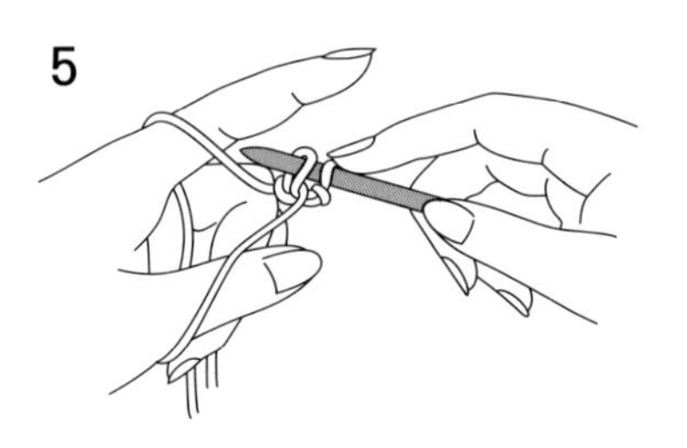

두 번째 코 완성. **3~5**를 반복하여 필요한 만큼 코를 잡는다.

6

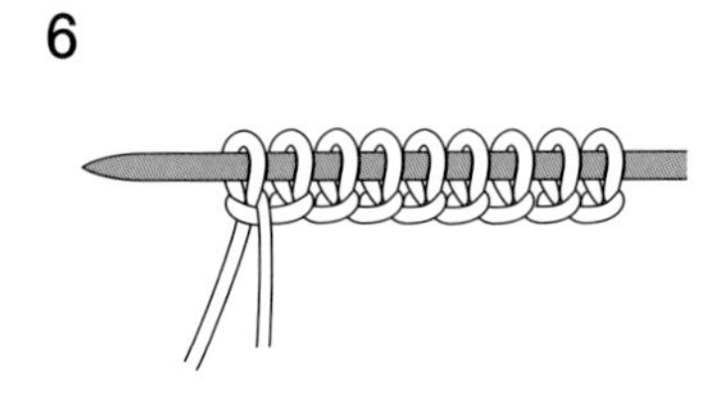

첫 번째 단 완성. 이 바늘을 왼손에 잡고 두 번째 단을 뜬다.

[별 사슬에서 줍는 시작코]

1

뜨개실(작품 뜨는 실)에 가까운 굵기의 면사로 사슬뜨기를 한다.

2

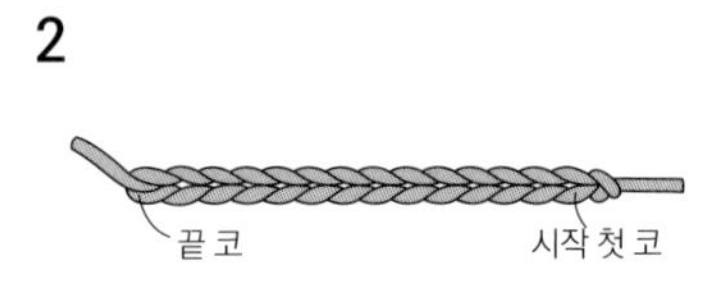

느슨하게 뜬다. 필요 콧수보다 2,3코 더 뜬다.

3

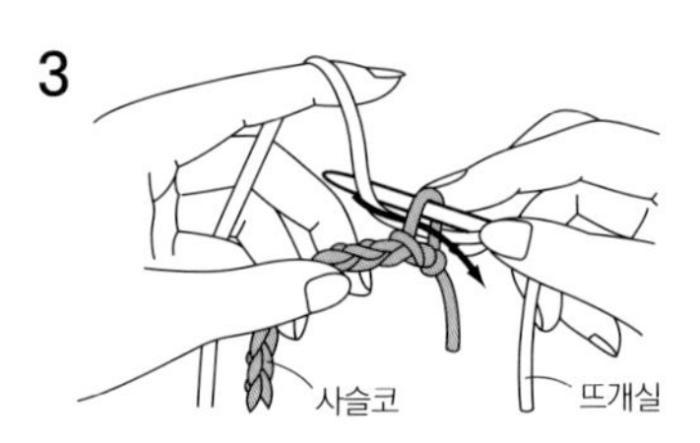

사슬뜨기 첫 코의 사슬코산에 바늘을 넣어서 뜨개실로 코를 주워 뜬다.

4

필요한 만큼 코를 주워간다. 이것을 1단으로 센다.

뜨개 기호와 뜨는 법

| 겉뜨기(겉코)

1

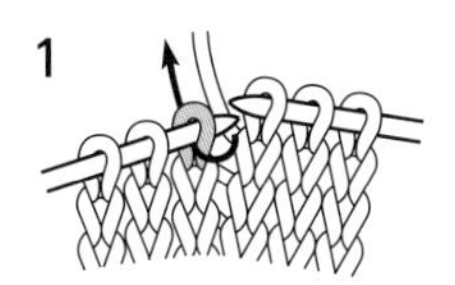

실을 뒤쪽에 두고 오른쪽 바늘을 왼쪽 바늘의 코에 앞쪽에서 뒤쪽으로 넣는다.

2

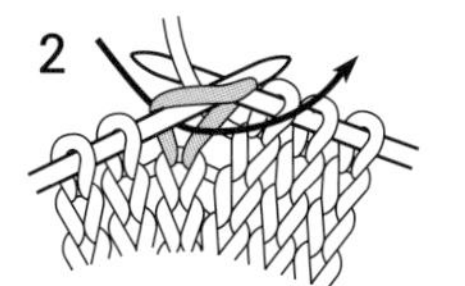

오른쪽 바늘에 실을 걸고 화살표와 같이 끌어 당긴다.

3

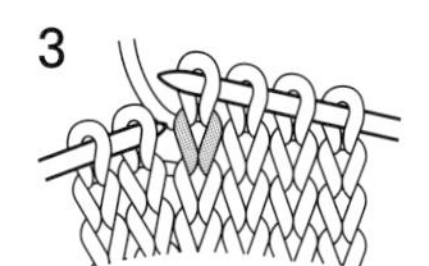

실을 끌어당기며 왼쪽 바늘에서 코를 뺀다.

— 안뜨기(안코)

1

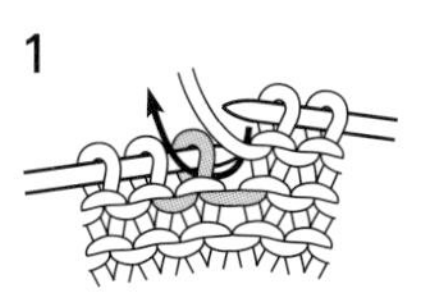

실을 앞쪽에 두고 오른쪽 바늘을 왼쪽 바늘의 코에 뒤쪽에서 앞쪽으로 넣는다.

2

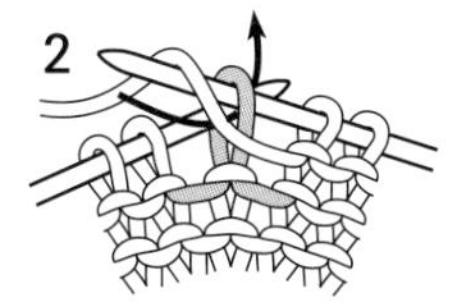

오른쪽 바늘에 실을 걸고 화살표와 같이 끌어당긴다.

3

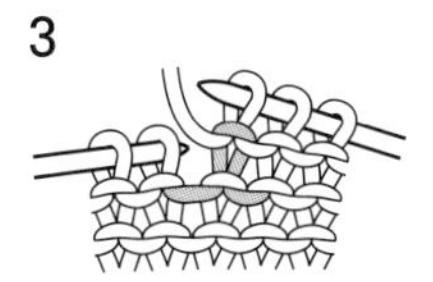

실을 끌어당기며 오른쪽 바늘에서 코를 뺀다.

왼코 겹쳐 2코 모아뜨기

1

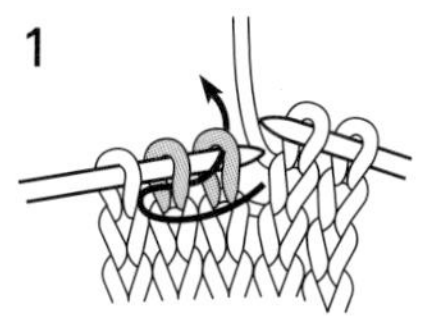

오른쪽 바늘을 2코에 한꺼번에 앞쪽에서 넣는다.

2

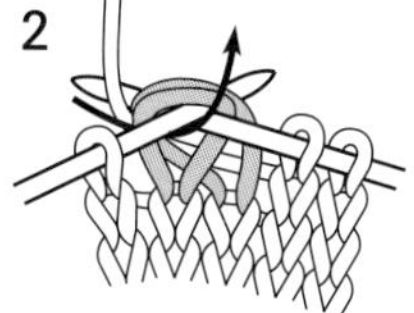

실을 걸어서 뜬다.

3

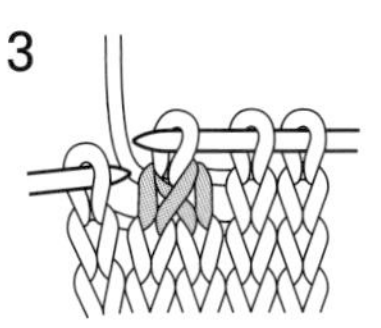

1코 줄었다.

○ 바늘비우기(걸기코)

1

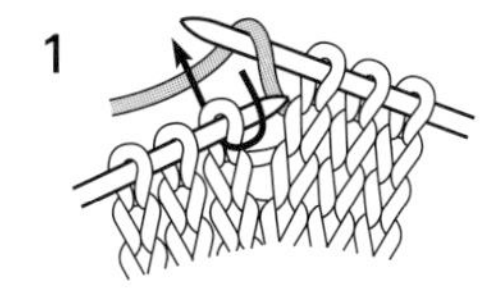

2

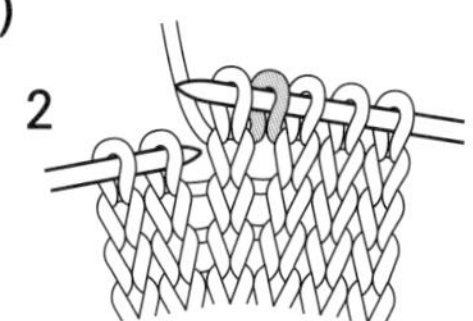

실을 앞쪽에서 뒤쪽으로 걸치고, 다음 코를 뜬다.

( ) 돌려뜨기(오른쪽 위 돌림코)

1

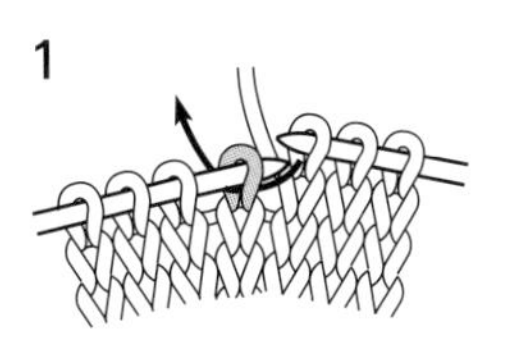

오른쪽 바늘을 뒤쪽에 넣는다.

2

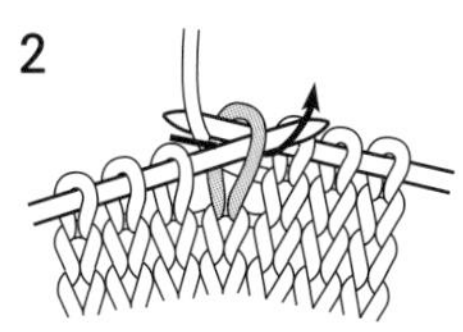

실을 걸어서 뜬다.

3

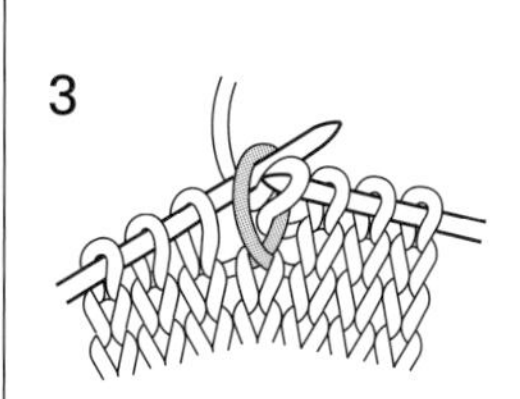

4

오른코 겹쳐 2코 모아뜨기

1

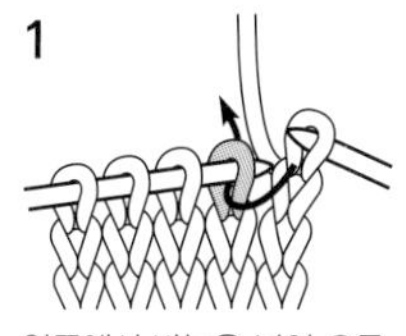

앞쪽에서 바늘을 넣어 오른쪽 바늘로 1코를 옮긴다.

2

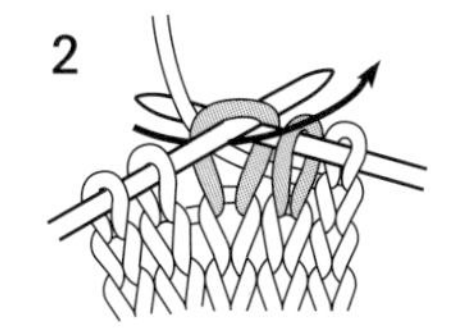

다음 코를 뜬다 .

3

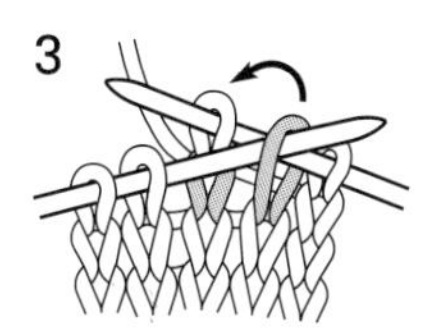

옮긴 코를 뜬 코에 덮어 씌운다.

4

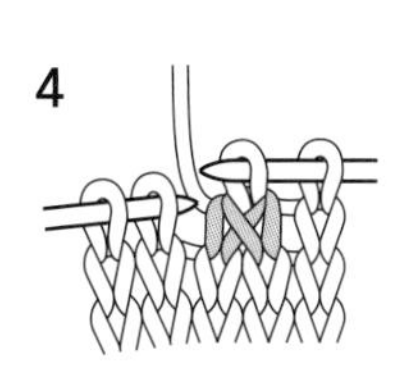

1코 줄었다.

왼코 겹쳐 2코 모아뜨기(안뜨기)

1

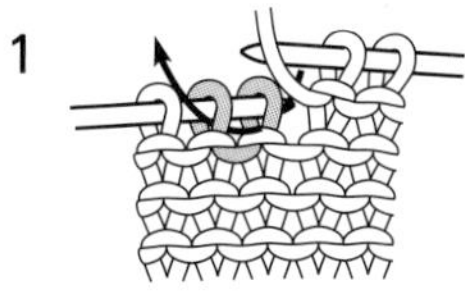

오른쪽 바늘을 뒤쪽에서 한꺼번에 2 코에 넣는다.

2

실을 걸어서 안뜨기를 뜬다.

3

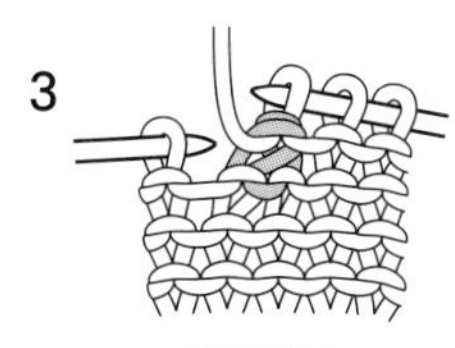

1코 줄었다.

오른코 겹쳐 2코 모아뜨기(안뜨기)

1

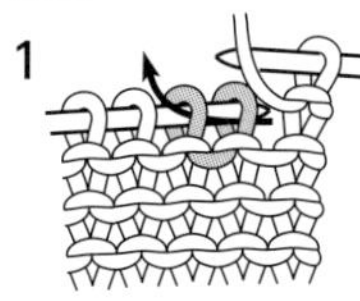

오른쪽 바늘을 2코에 한꺼번에 뒤쪽에서 넣는다.

2

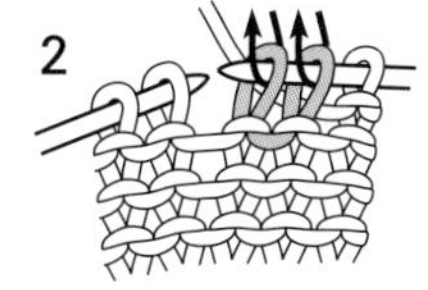

왼쪽 바늘을 화살표와 같이 넣어서 코를 왼쪽 바늘로 되돌린다.

3

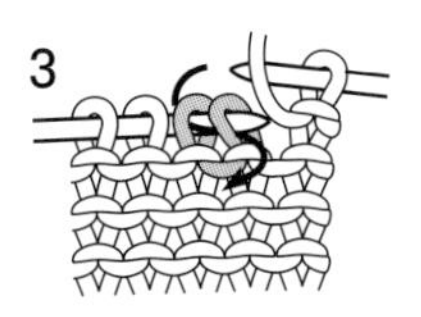

뒤쪽에서 2코에 한꺼번에 바늘을 넣고 실을 걸어서 안뜨기 한다.

4

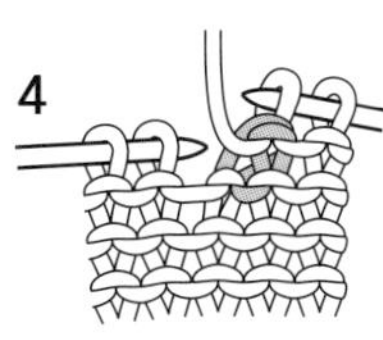

1코 줄었다.

돌려뜨기(왼쪽 위 돌림코)

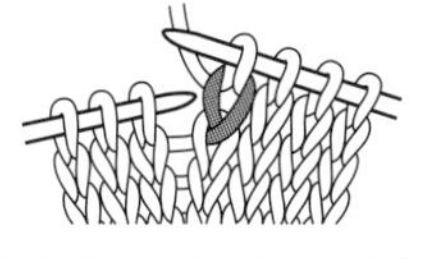

오른쪽 바늘을 앞쪽에서 넣어 뜨지 않고 옮기면 코의 방향이 바뀌어 옮겨진다. 이 코를 왼쪽 바늘에 되돌려 겉뜨기 한다.

돌려뜨기(안뜨기)

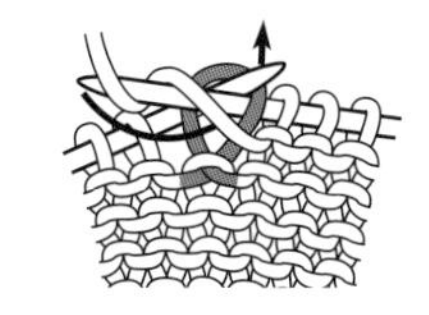

바늘을 뒤쪽에서 넣고 안뜨기 한다.

중심 3코 모아뜨기

1

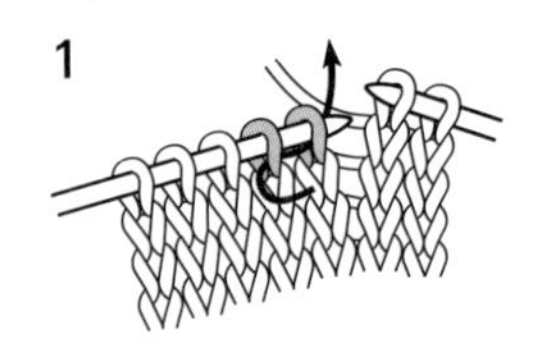

오른쪽 바늘을 앞쪽에서 한꺼번에 2코에 넣어 (뜨지 않고) 그대로 오른쪽 바늘에 옮긴다.

2

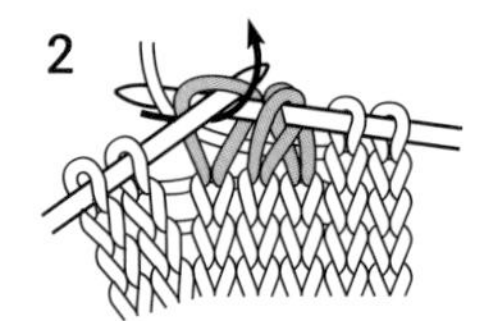

다음 코를 뜬다.

3

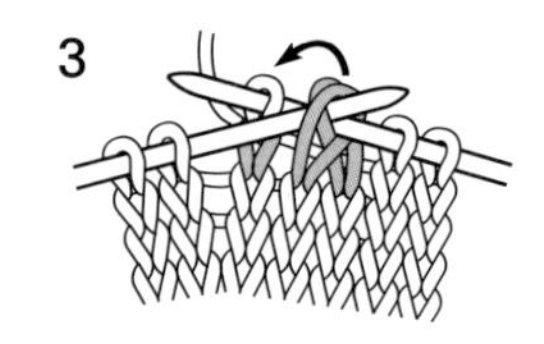

옮겨 둔 2코를 뜬 코에 덮어 씌운다.

4

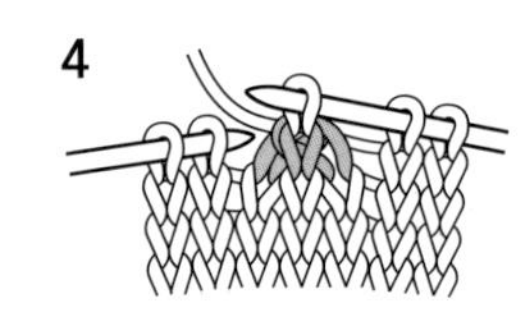

2코 줄었다.

감아코

1

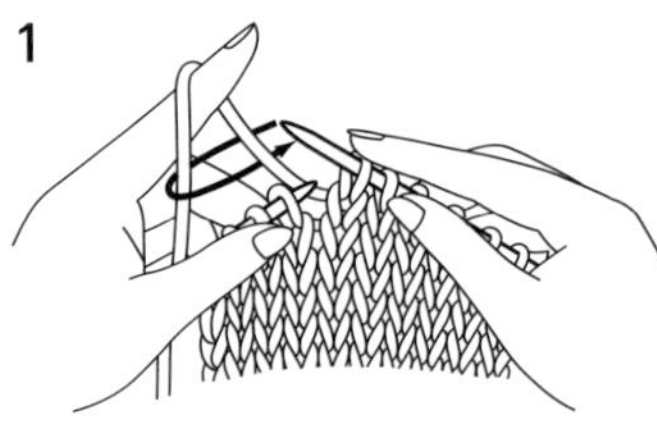

바늘에 실을 감아서 콧수를 늘린다.

2

3

[싱커루프에서 돌려뜨기로 코를 늘리는 방법]

1

왼쪽 바늘로 화살표와 같이 싱커루프를 주워 올려 돌려뜨기 한다.

2

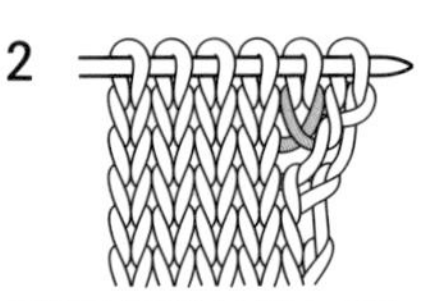

코와 코 사이에 1 코가 늘었다.

겉뜨기로 3코 늘리기

한 코에서 겉뜨기, 걸어뜨기, 겉뜨기 한다.

걸러뜨기

1

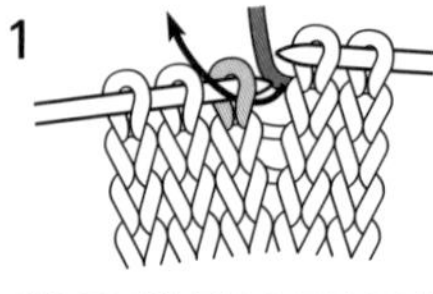

실을 뒤쪽에 두고 1 코를 뜨지 않고 오른쪽 바늘로 옮긴다.

2

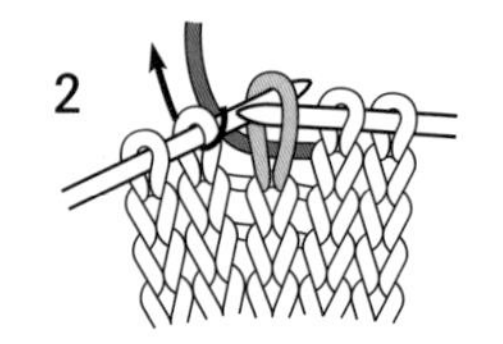

다음 코를 뜬다 .

3

오른코 위 교차뜨기

1

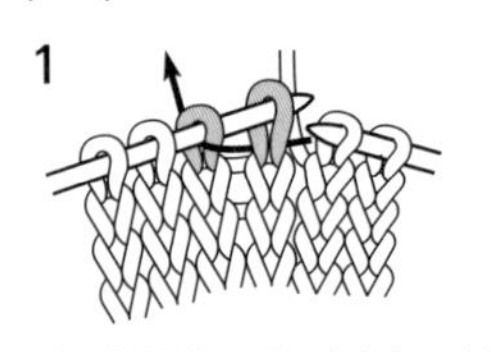

뒤쪽을 통해 1코를 건너뛰고 다음 코에 바늘을 넣는다 .

2

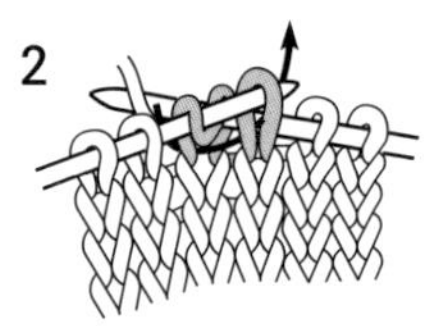

실을 걸어서 뜬다.

3

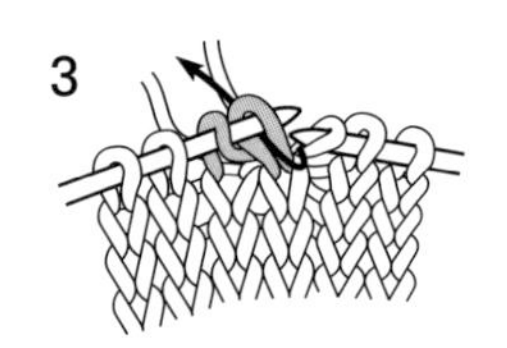

건너뛰었던 코를 뜬다.

4

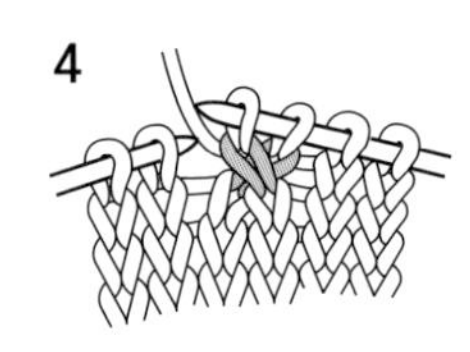

왼코 위 교차뜨기

1

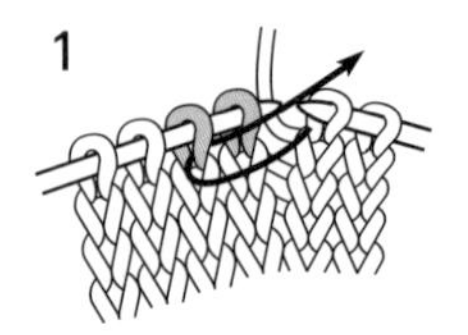

1코 건너뛰고 그 다음 코에 앞쪽으로 바늘을 넣는다.

2

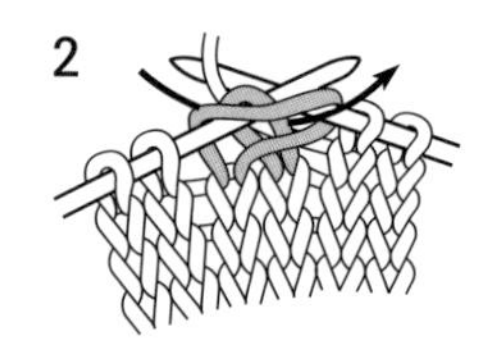

실을 걸어서 뜬다.

3

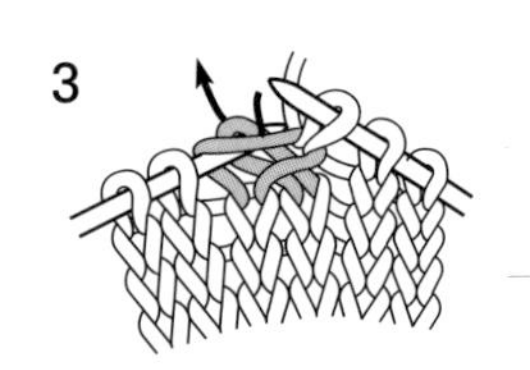

건너뛰었던 코를 뜬다.

4

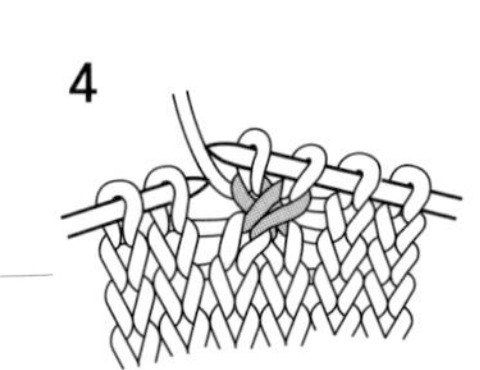

오른코 위 2코 교차뜨기

1

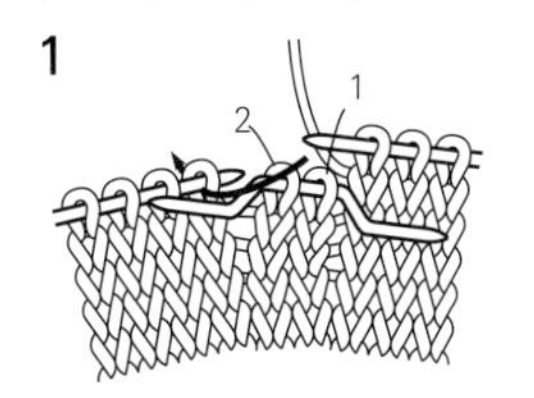

1, 2번째 코를 꽈배기바늘에 옮겨서 앞쪽에 둔다.

2

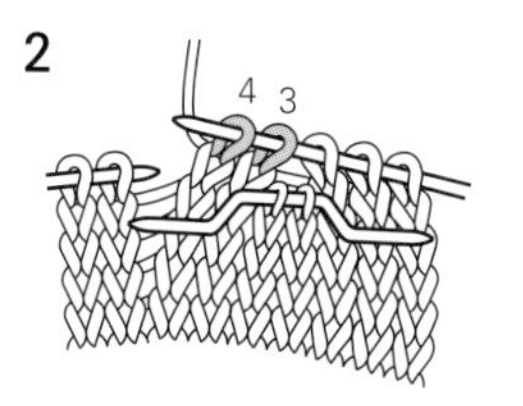

3, 4 번째 코를 뜬다.

3

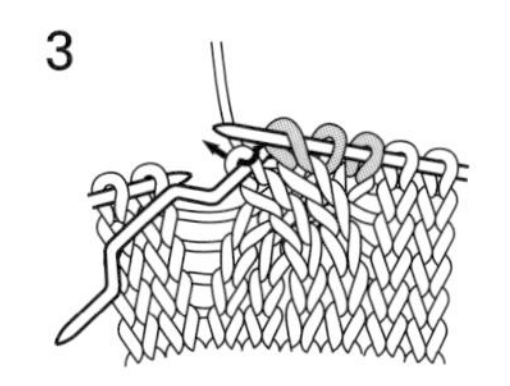

꽈배기바늘에 옮겨 둔 1, 2의 코를 뜬다.

4

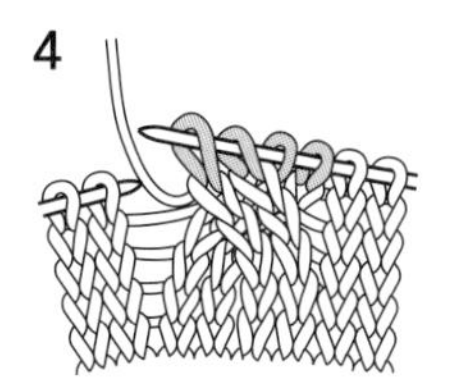

왼코 위 2코 교차뜨기

1

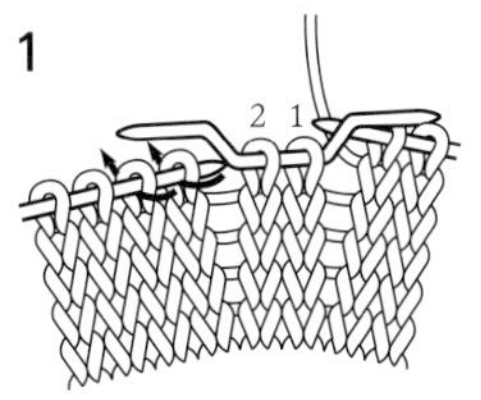

코 1, 2를 꽈배기바늘에 옮긴다.

2

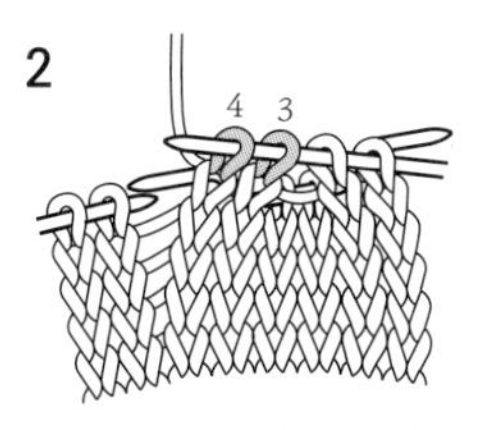

꽈배기바늘을 뒤쪽에 두고 코 3, 4를 뜬다.

3

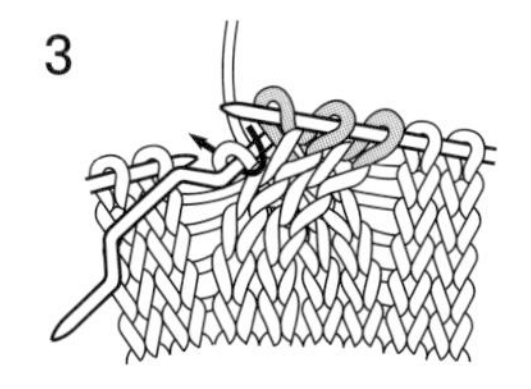

꽈배기바늘의 코 1,2 를 뜬다.

4

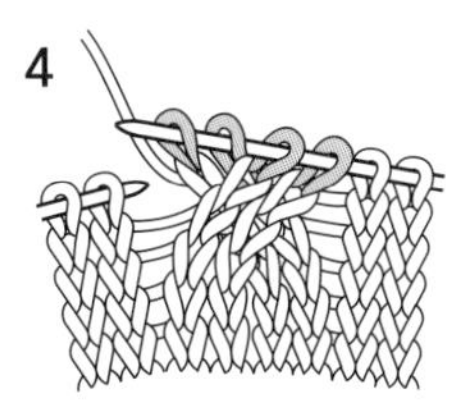

[배색무늬 뜰 때 실을 바꾸는 법]

1

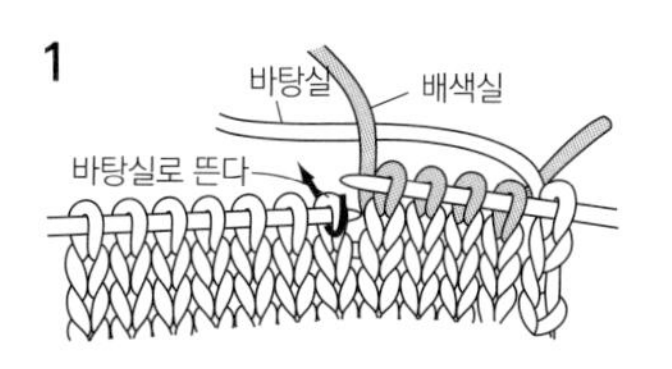

배색실을 위로 올리고 바탕실을 뜬다.

2

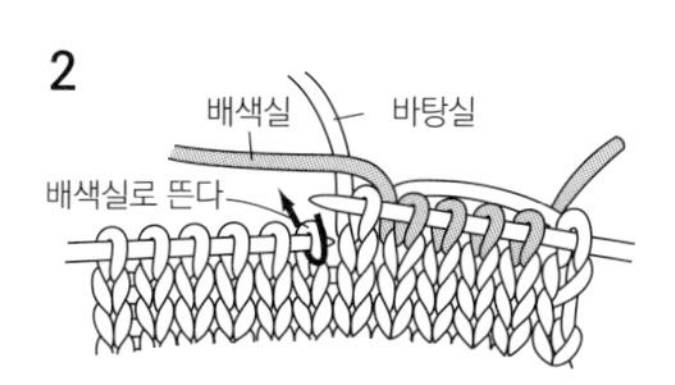

배색실을 바탕실의 위에 올려서 바꾼다.

[경사뜨기(되돌아뜨기)]

○ 왼쪽

1

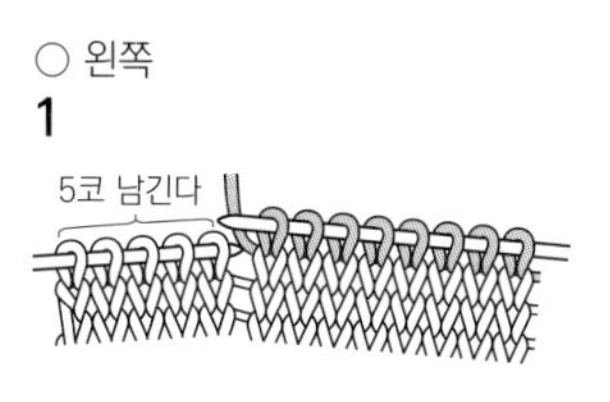

되돌아뜨는 코의 앞까지 뜬다.

2

뜨개바탕을 뒤집어 잡고 바늘비우기, 걸러뜨기 한다.

3

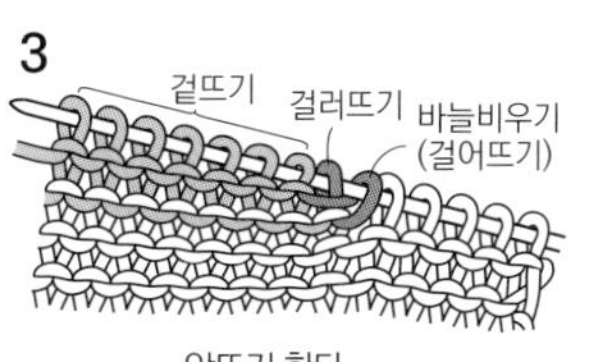

안뜨기 한다.

○ 오른쪽

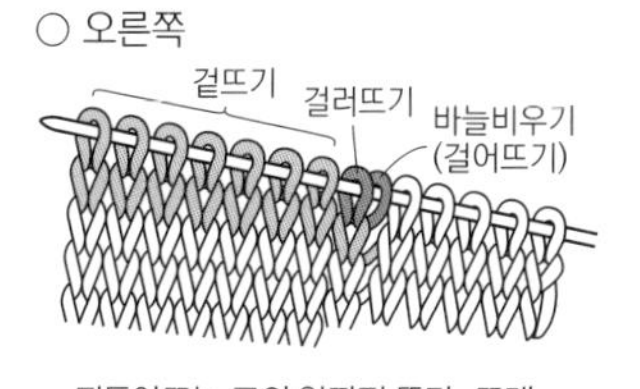

되돌아뜨는 코의 앞까지 뜬다. 뜨개바탕을 돌려잡고 바늘비우기, 걸러뜨기 한다. 겉뜨기 한다.

단차 없애기

경사뜨기가 끝나면 바늘비우기한 걸기코의 처리를 하면서 1 단 뜬다(단차 없애기).
안뜨기로 단을 없앨 때에는 걸기코와 다음의 코를 바꿔서 뜬다.

○ 왼쪽

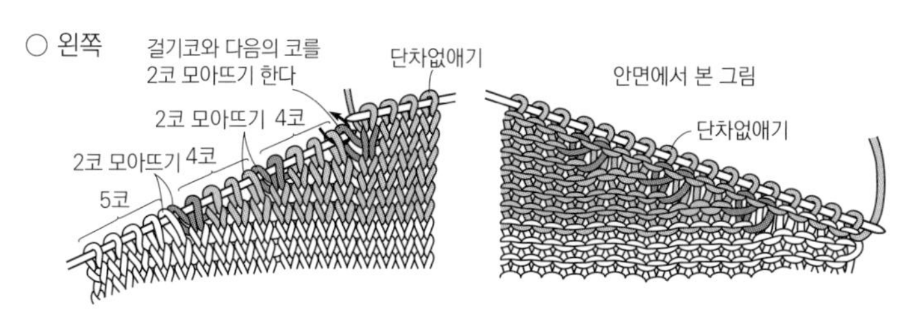

○ 오른쪽

걸기코와 다음의 코를 바꿔 끼우고 2코 모아뜨기
바꿔 끼우고 2코 모아뜨기
단차없애기
4코
겉면에서 본 그림
바꿔 끼우고 2코 모아뜨기 4코
5코

코막음

[덮어씌우기]

● 겉뜨기 (겉코)

1

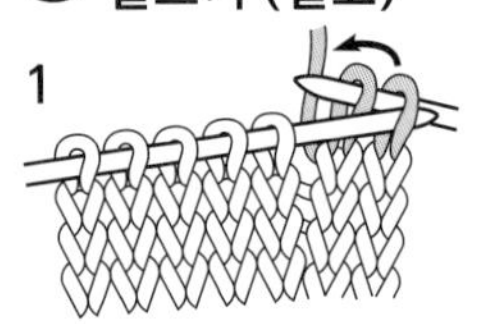

두 코를 겉뜨기하고 오른쪽 코를 왼쪽의 코에 덮어씌운다.

2

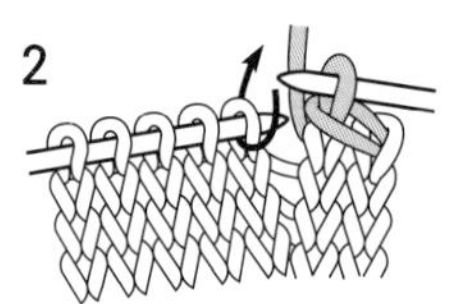

다음 코를 겉뜨기하고 오른쪽 코를 왼쪽 코에 덮어씌운다.

3

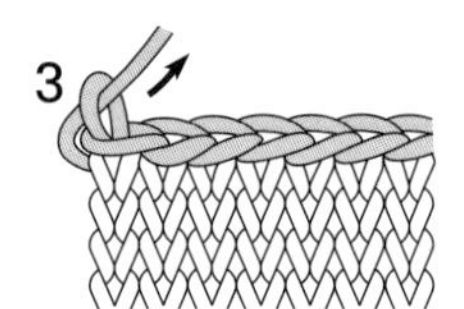

마지막 코에 실을 통과시켜 코를 당겨 조인다.

● 안뜨기 (안코)

1

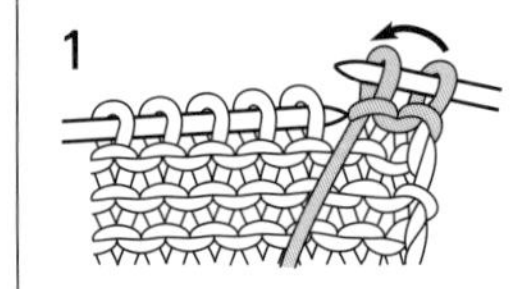

두 코를 안뜨기하고 오른쪽의 코를 왼쪽의 코에 덮어씌운다.

2

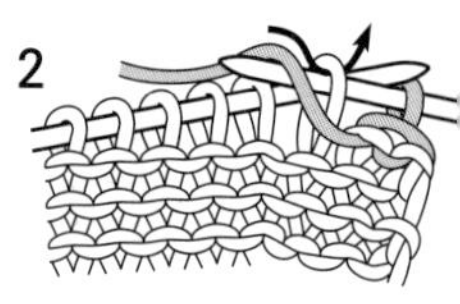

다음의 코를 안뜨기하고, 오른쪽의 코를 왼쪽의 코에 덮어씌운다. 마지막은 겉뜨기의 3과 같은 방법으로 끝 코에 실을 통과시켜 당겨 조인다.

[1코 고무뜨기 코막음(평면 뜨기)]

1

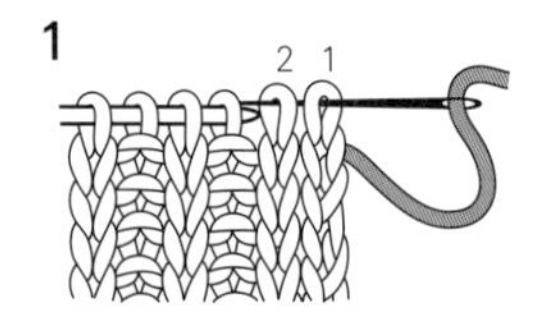

코 1에는 앞쪽에서, 코 2에는 뒤쪽에서 바늘을 넣는다.

2

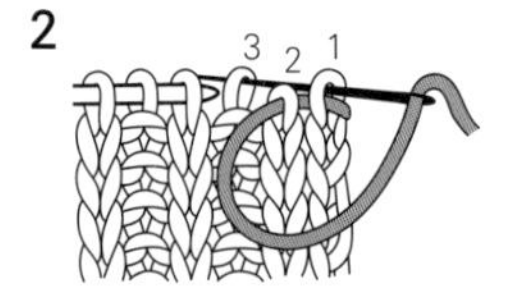

코 2를 건너뛰어 코 1과 코 3에 앞쪽에서 바늘을 넣는다.

3

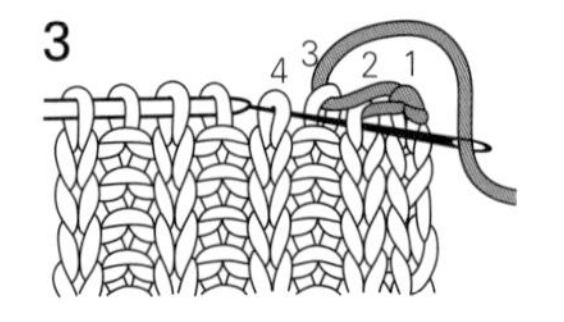

코 3을 건너뛰어 코 2와 코 4(겉코)에 바늘을 넣는다.

4

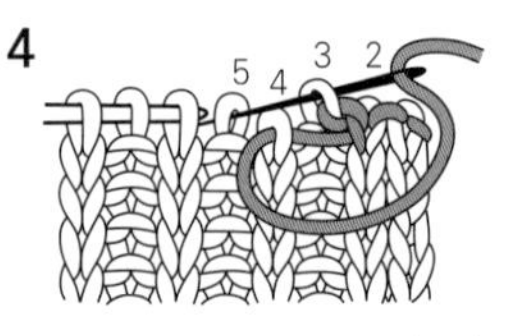

코 4를 건너뛰어 코 3과 코 5(안코)에 바늘을 넣는다. **3**, **4**를 반복한다.

[1코 고무뜨기 코막음(원통 뜨기)]

1

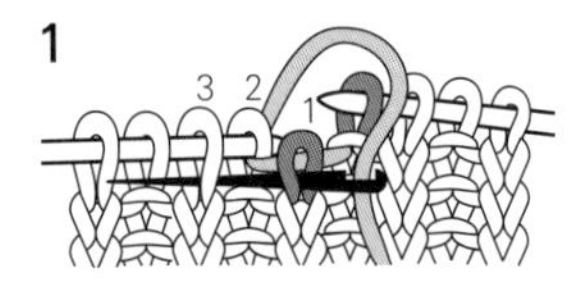

코 1을 건너뛰고 코 2에 앞쪽에서바늘을 넣어 통과시킨다. 코 1로 돌아와 앞쪽에서 바늘을 넣고 코 3으로 뺀다.

2

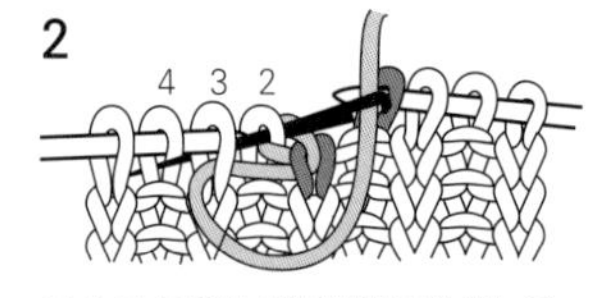

코 2 로 돌아와 뒤쪽에서부터 바늘을 넣고 코 4의 바깥쪽으로 뺀다. 그다음부터는 겉코는 겉코끼리, 안코는 안코끼리 바늘을 넣어 간다.

3

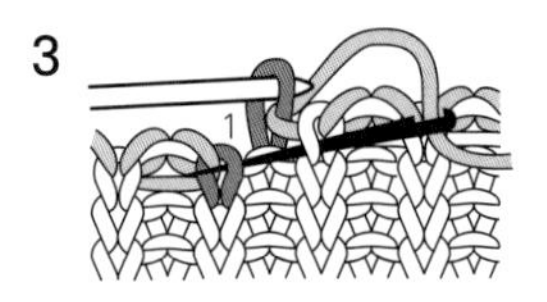

끝부분의 겉코에 뒤쪽에서 바늘을넣고 코 1로 뺀다.

4

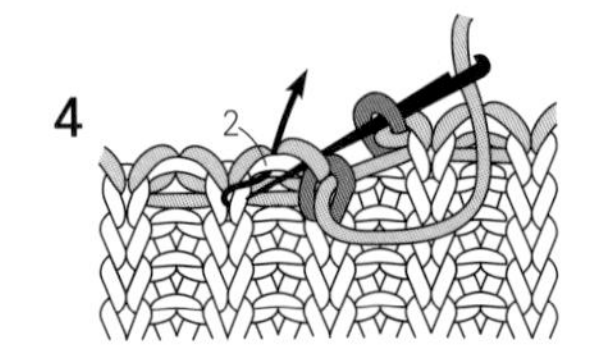

한 바퀴 돈 마지막 겉코에 뒤쪽에서바늘을 넣고, 그림과 같이 고무뜨기 마무리를 한 실 밑으로 넣는다. 다시 화살표와 같이 2의 겉코로 뺀다.

5

마무리한 모습

[2코 고무뜨기 코막음(원통뜨기)]

1

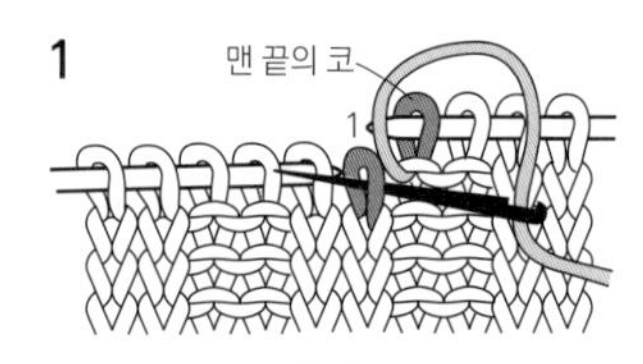

코 1에 뒤쪽에서 바늘을 넣는다.

2

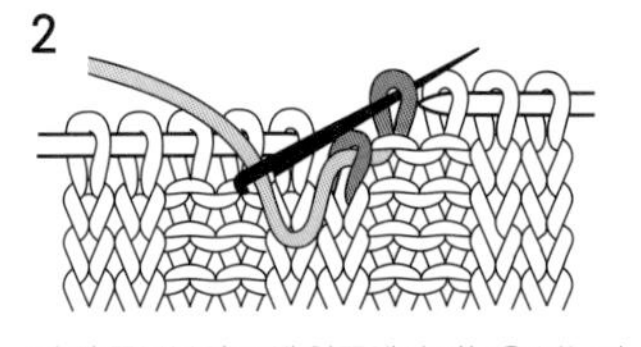

전 단 끝부분의 코에 앞쪽에서 바늘을 넣는다.

3

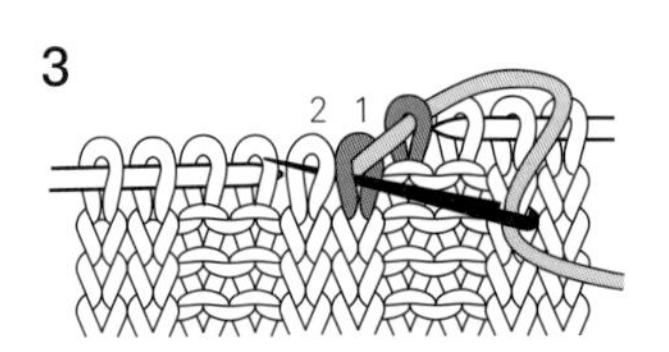

코 1, 2에 그림과 같이 바늘을 넣어서 빼낸다.

4

전 단 마지막 안코의 뒤쪽에서 바늘을 넣고 코 1, 2의 두 코를 건너뛰어 코 3에 앞쪽에서 바늘을 넣는다.

5

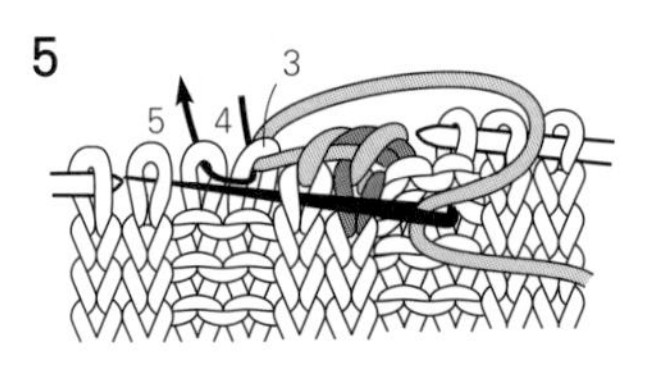

코 2로 돌아와 코 3, 4 두 코를 건너뛰고 코 5에 바늘을 넣는다. 다음에 코 3,4에 바늘을 넣는다. 3~5를 반복한다.

6

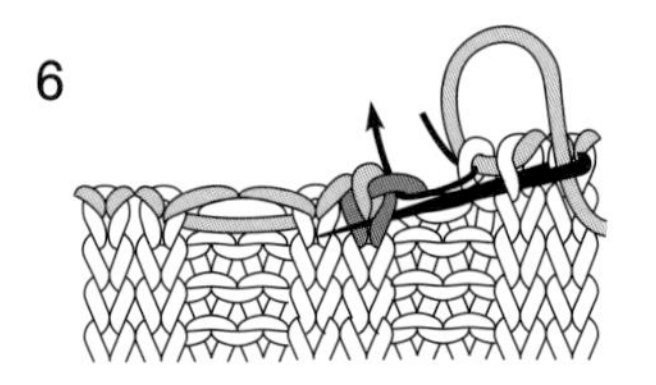

전 단 마지막 겉코와 시작부분의 겉코에 바늘을 넣고 마지막으로 겉코 두 코에 화살표와 같이 바늘을 넣어 빼낸다.

잇기, 꿰매기

[메리야스 잇기]

1

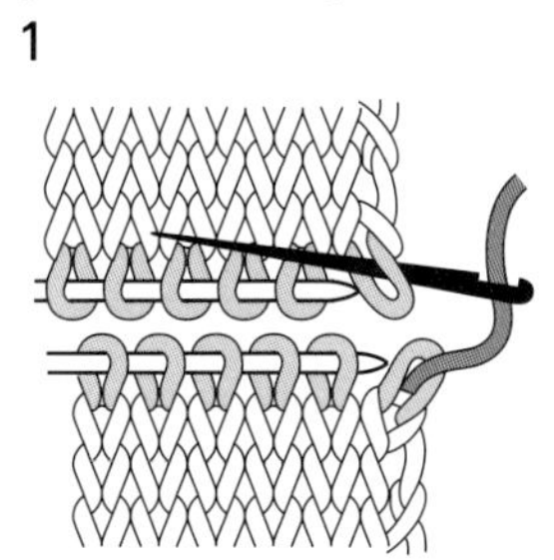

아래 단 코의 실을 위의 코에 바늘을 넣는다.

2

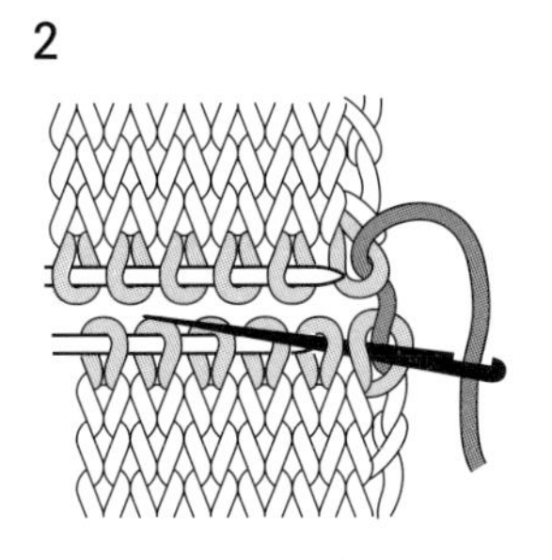

아래의 코 돌아와서 그림과 같이 바늘을 넣는다.

3

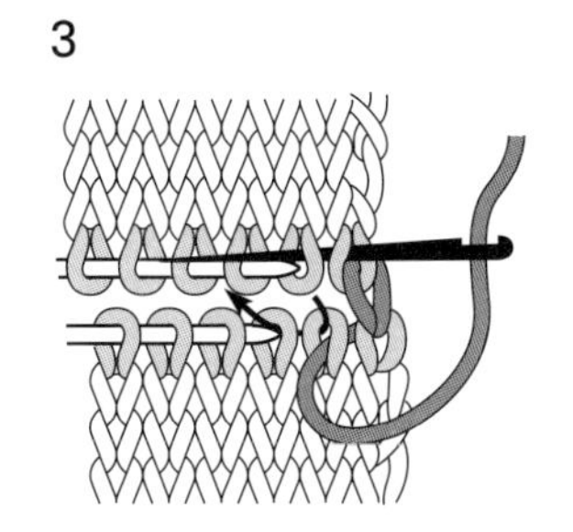

그림과 같이 위의 코와 다음의 코에 바늘을 넣고 다시 화살표와 같이 계속한다.

4

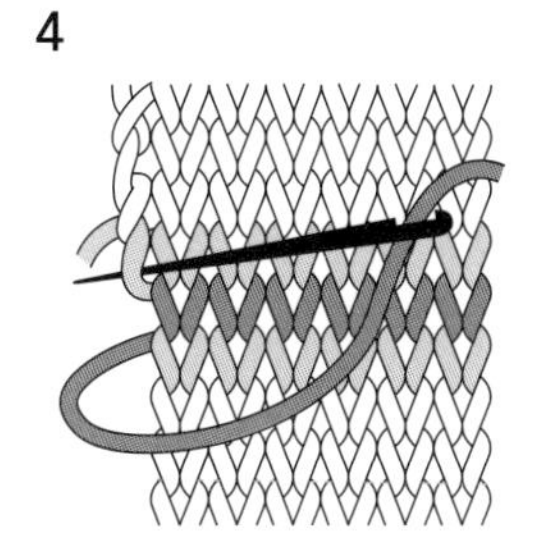

2, 3 을 반복하며 마지막 코에 바늘을 넣고 뺀다.

[빼뜨기로 잇기]

1

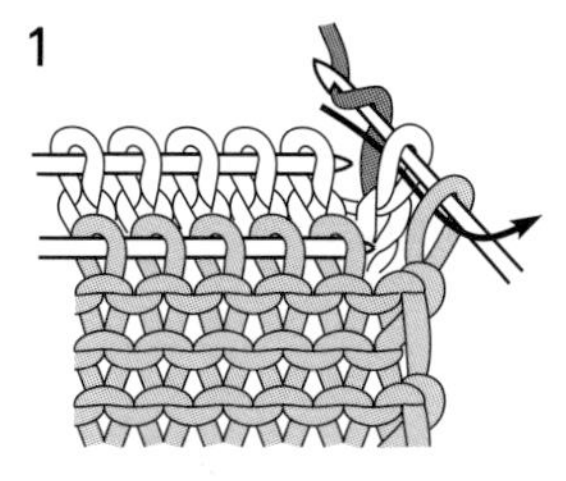

2장의 뜨개바탕을 겉면끼리 마주대고 끝의 2코를 빼뜨기한다.

2

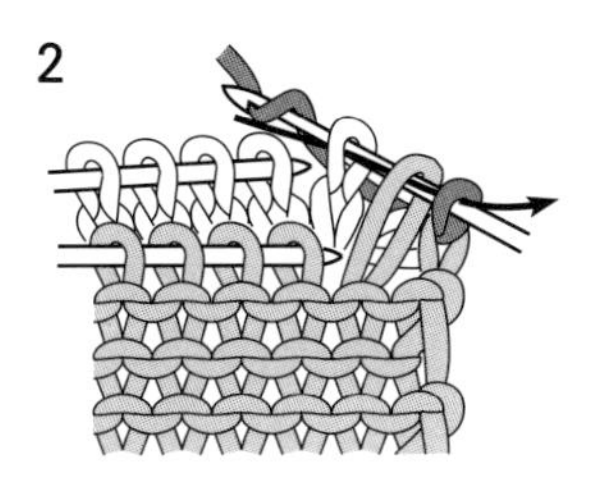

빼뜨기한 코와 다음의 코 2 코를 빼뜨기한다.

3

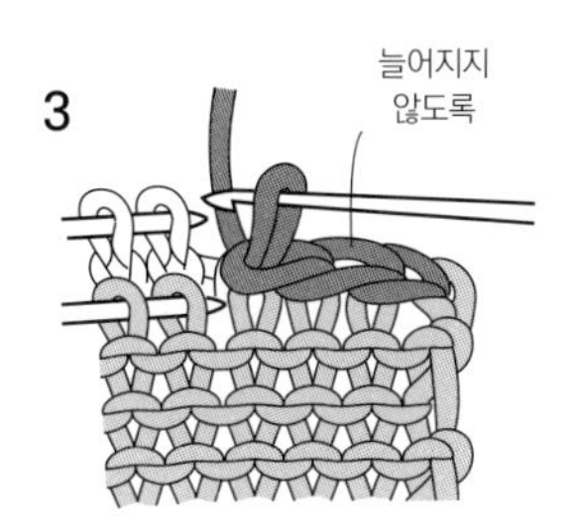

2 를 반복한다.

[코와 단 잇기]

1

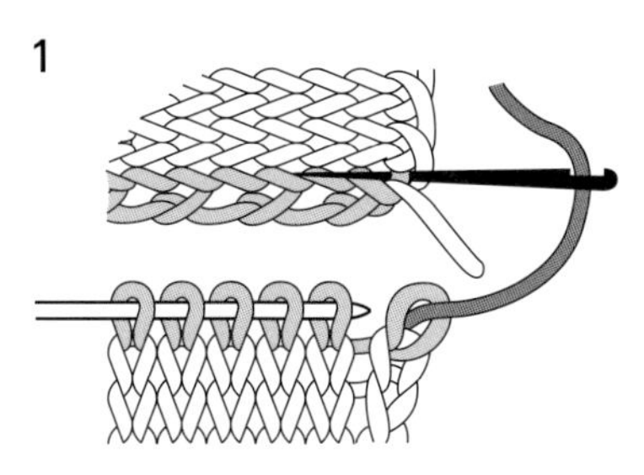

위 단의 맨 끝 코와 다음코의 사이에 바늘을 넣고 실을 통과시킨다.

2

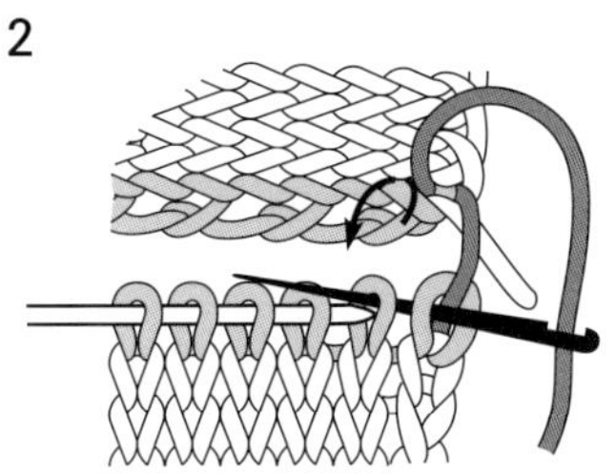

아래 단은 메리야스 잇기의 요령으로 바늘을 넣어 간다.

3

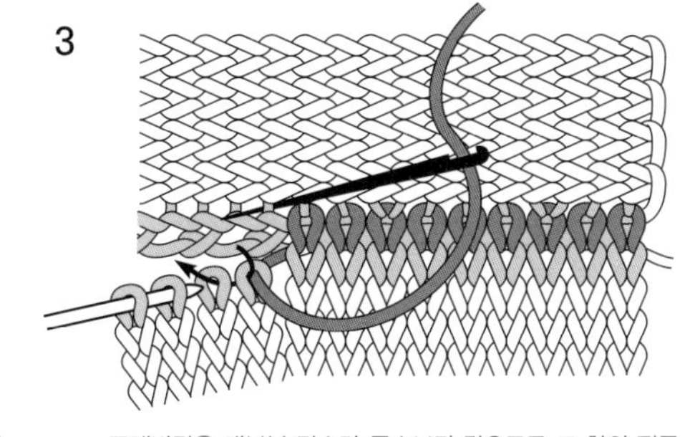

뜨개바탕은 대부분 단수가 콧수보다 많으므로 그 차의 평균치로 배분하여 1코에 2단을 주워 간다.

[빼뜨기로 꿰매기]

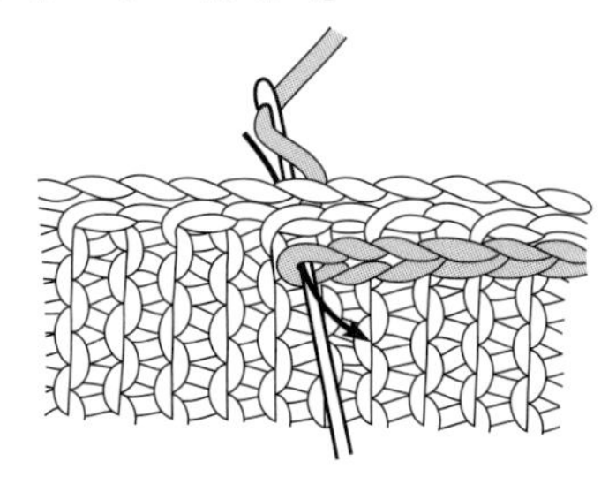

뜨개바탕의 겉면끼리 마주대고 코 사이에 바늘을 넣는다. 바늘에 실을 걸어서 빼뜨기한다.

[떠서 꿰매기]

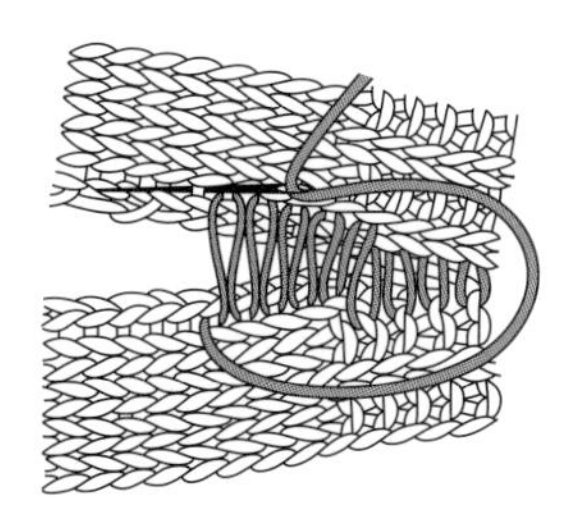

첫 번째 코와 다음 코 사이의 싱커루프를 한 단씩 교차하여 꿰맨다. 반코의 떠서 꿰매기는 반코 안 쪽의 싱커루프를 꿰맨다.

뜨개 노트

초판 1쇄 발행 2024년 10월 31일

지은이 나스 사나에
옮긴이 제리

펴낸이 고은애
펴낸곳 북스앤디지털
출판신고 제 25100-2018-000023 호
전화 02-6448-6322
e-mail book@booksndigital.co.kr
INSTAGRAM @acompleteday_pub

오롯한날은 북스앤디지털의 출판 브랜드입니다.

JAPAN STAFF
북디자인 하다 이즈미
촬영 야마구치 아키라
촬영(p.2-3) 나스 사나에
프로세스 촬영 야스다 죠스이(문화출판국)
스타일링 구시오 히로에
헤어&메이크업 오기모토 나오유키
모델 유리코
제작협력 가타야마 카요, 고바야시 토모코, 다카하시 유키코, 다나카 케이코, 도미나가 노리코, 무라오카 마리코
만드는 법 해설, 도안 다나카 리카
조판 분카포타이프
교열 무카이 마사코
편집 오사나이 마키, 오사와 요코(문화출판국)
발행인 세이키 타카요시

ISBN 979-11-986459-3-7 (13590)
정가 18,000원

AMIMONO NOTE by Sanae Nasu